Apprendre

Eureka Math®
1ère année
Module 1

Great Minds PBC is the creator of Eureka Math®,
Wit & Wisdom®, Alexandria Plan™, and PhD Science™.

Published by Great Minds PBC. greatminds.org

Copyright © 2020 Great Minds PBC. All rights reserved. No part of this work may be reproduced or used in any form or by any means—graphic, electronic, or mechanical, including photocopying or information storage and retrieval systems—without written permission from the copyright holder.

ISBN 978-1-64929-060-1

1 2 3 4 5 6 7 8 9 10 XXX 25 24 23 22 21 20

Printed in the USA

Apprendre ♦ Pratiquer ♦ Réussir

Le matériel pédagogique d'*Eureka Math®* pour *A story of Units® (K-5)* est proposé dans le trio *Apprendre, Pratiquer, Réussir* Cette série prend en charge la différenciation et la remédiation tout en gardant les documents pour les étudiants organisés et accessibles. Les éducateurs constateront que la série *Apprendre, Pratiquer* et *Réussir* propose également des ressources cohérentes—et donc plus efficaces—pour la réponse à l'intervention (RAI), la pratique supplémentaire et l'apprentissage pendant l'été.

Apprendre

Apprendre d'Eureka Math sert de compagnon de classe aux étudiants, où ils montrent leurs réflexions, partagent ce qu'ils savent et voient leurs connaissances s'enrichir chaque jour. *Apprendre* rassemble le travail quotidien en classe—Problèmes d'application, Tickets de sortie, Ensembles de problèmes, Modèles—dans un volume organisé et facilement navigable.

Pratiquer

Chaque leçon *Eureka Math* commence par une série d'activités de maîtrise énergiques et joyeuses, y compris celles se trouvant dans *Pratiquer d'Eureka Math*. Les élèves qui maîtrisent déjà leurs savoirs en mathématiques peuvent acquérir une plus grande maîtrise pratique, encore plus approfondie. Avec *Pratiquer*, les élèves acquièrent des compétences dans les savoirs nouvellement acquis et renforcent leurs apprentissages antérieurs en vue de la leçon suivante.

Ensemble, *Apprendre* et *Pratiquer* fournissent tout le matériel imprimé que les élèves utiliseront pour leur enseignement fondamental des mathématiques.

Réussir

Réussir d'Eureka Math permet aux élèves de travailler individuellement vers leur maîtrise. Ces ensembles additionnels de problèmes font correspondre chaque leçon à l'enseignement en classe, ce qui les rend idéaux comme devoirs ou entraînements supplémentaires. Chaque Ensemble de problèmes est accompagné d'une Aide aux devoirs, un ensemble d'exemples concrets qui illustrent comment résoudre des problèmes similaires.

Les enseignants et les tuteurs peuvent utiliser les livres *Réussir* des niveaux précédents comme outils cohérents avec le programme pour combler des lacunes dans les connaissances fondamentales. Les élèves s'épanouiront et progresseront plus rapidement parce que les modèles familiers facilitent les connexions au contenu de leur niveau scolaire actuel.

Élèves, familles et éducateurs :

Merci de faire partie de la communauté *Eureka Math*®, qui célèbre la passion, l'émerveillement et le plaisir des mathématiques.

Dans la salle de classe *Eureka Math*, un nouveau type d'apprentissage est activé par la richesse des expériences et des dialogues. Le livre *Apprendre* met entre les mains de chaque élève les instructions et séquences de problèmes dont ils ont besoin pour exprimer et consolider leur apprentissage en classe.

Que contient le livre Apprendre ?

Problèmes d'application : La résolution de problèmes dans un contexte réel fait partie du quotidien d'*Eureka Math*. Les élèves renforcent leur confiance et leur persévérance lorsqu'ils appliquent leurs connaissances dans d'autres situations, nouvelles et variées. Le programme encourage les élèves à utiliser le processus Lecture-Dessin-Écriture (RDW)—Lire le problème, Dessiner pour donner un sens au problème et Écrire une équation et une solution. Les enseignants facilitent le partage des travaux entre les élèves qui se présentent mutuellement leurs stratégies de solution.

Ensembles de problèmes : Un Ensemble de problèmes soigneusement séquencé offre une opportunité en classe pour un travail indépendant, avec plusieurs points d'entrée pour la différenciation. Les enseignants peuvent utiliser le processus de Préparation et de Personnalisation pour sélectionner les problèmes « À faire » pour chaque élève. Certains élèves effectueront plus de problèmes que d'autres ; l'important est que tous les élèves disposent d'une période de 10 minutes pour exercer immédiatement ce qu'ils ont appris, avec un léger encadrement de leur professeur.

Les élèves amènent avec eux l'Ensemble de problèmes jusqu'au point culminant de chaque leçon : le Compte rendu de l'élève. Ici, les élèves réfléchissent avec leurs pairs et leur enseignant, articulant et consolidant ce qu'ils se sont demandés, ce qu'ils ont remarqué et ce qui a été appris ce jour-là.

Tickets de sortie : Les élèves montrent à leur enseignant ce qu'ils savent grâce à leur travail sur le Ticket de sortie quotidien. Cette vérification de la compréhension fournit à l'enseignant des preuves précieuses en temps réel de l'efficacité de l'enseignement de ce jour-là, offrant un aperçu indispensable de la prochaine étape à suivre.

Modèles : Occasionnellement, le Problème d'application, l'Ensemble de problèmes, ou toute autre activité de classe nécessite que les élèves aient leur propre copie d'une image, d'un modèle réutilisable, ou d'un ensemble de données. Chacun de ces modèles est fourni avec la première leçon qui l'exige.

Où puis-je en savoir plus sur les ressources Eureka Math ?

L'équipe de Great Minds® s'engage à aider les élèves, les familles et les éducateurs avec une bibliothèque de ressources en constante expansion, disponible sur le site eureka-math.org. Le site Web propose également des histoires de réussite inspirantes survenues dans la communauté *Eureka Math*. Partagez vos idées et vos réalisations avec d'autres utilisateurs en devenant un Champion d'*Eureka Math*.

Meilleurs vœux pour une année remplie de découvertes !

Jill Diniz
Jill Diniz
Directeur des mathématiques
Great Minds

Le processus Lecture-Dessin-Écriture

Le programme *Eureka Math* aide les élèves à résoudre leurs problèmes en utilisant un processus simple et reproductible, présenté par l'enseignant. Le processus Lecture-Dessin-Écriture (RDW) incite les élèves à

1. Lire le problème ;
2. Dessiner et étiqueter ;
3. Écrire une équation ;
4. Écrire une phrase (énoncé).

Les éducateurs sont encouragés à consolider le processus en interposant des questions telles que

- Que voyez-vous ?
- Pouvez-vous dessiner quelque chose ?
- Quelles conclusions pouvez-vous tirer de votre dessin ?

Plus les élèves utilisent cette approche systématique et ouverte pour raisonner sur leurs problèmes, plus ils intérioriseront le processus de pensée et l'appliqueront instinctivement au cours des années qui suivent.

Table des matières

Module 1 : Sommes et différences jusqu'à 10

Sujet A : Nombres intégrés et décompositions

Leçon 1 1

Leçon 2 9

Leçon 3 15

Sujet B : Compter à partir de nombres intégrés

Leçon 4 23

Leçon 5 31

Leçon 6 39

Leçon 7 51

Leçon 8 61

Sujet C : Énoncés d'addition

Leçon 9 67

Leçon 10 75

Leçon 11 81

Leçon 12 87

Leçon 13 93

Sujet D : Stratégies d'addition

Leçon 14 99

Leçon 15 105

Leçon 16 111

Sujet E : La propriété commutative de l'addition et le signe égal

Leçon 17 117

Leçon 18 123

Leçon 19 129

Leçon 20 135

Sujet F : Développement de la fluidité d'addition dans les 10

Leçon 21 141

Leçon 22 149

Leçon 23 155

Leçon 24 163

Sujet G : Soustraction en tant que problème à nombre à ajouter inconnu

Leçon 25 169

Leçon 26 177

Leçon 27 185

Sujet H : Énoncés de soustraction

Leçon 28 191

Leçon 29 197

Leçon 30 203

Leçon 31 209

Leçon 32 215

Sujet I : Stratégies de décomposition pour la soustraction

Leçon 33 221

Leçon 34 227

Leçon 35 233

Leçon 36 239

Leçon 37 245

Sujet J : Développement de la maîtrise de soustraction dans les 10

Leçon 38 251

Leçon 39 261

UNE HISTOIRE D'UNITÉS — Leçon 1 Problème d'application 1•1

Lis

Dora a trouvé 5 feuilles qui sont entrées par la fenêtre à cause du vent. Ensuite, elle a trouvé 2 autres feuilles qui sont entrées. Dessine une image et utilise des nombres pour montrer combien de feuilles Dora a trouvées au total.

Dessine

Leçon 1 : Analyser et décrire les nombres intégrés (jusqu'à 10) à l'aide de groupes de 5 et de liaisons numériques.

UNE HISTOIRE D'UNITÉS

Leçon 1 Problème d'application 1•1

Écris

_____

_____

_____

Leçon 1 : Analyser et décrire les nombres intégrés (jusqu'à 10) à l'aide de groupes de 5 et de liaisons numériques.

Nom _____ Date _____

Encercle 5, puis fais une liaison numérique.

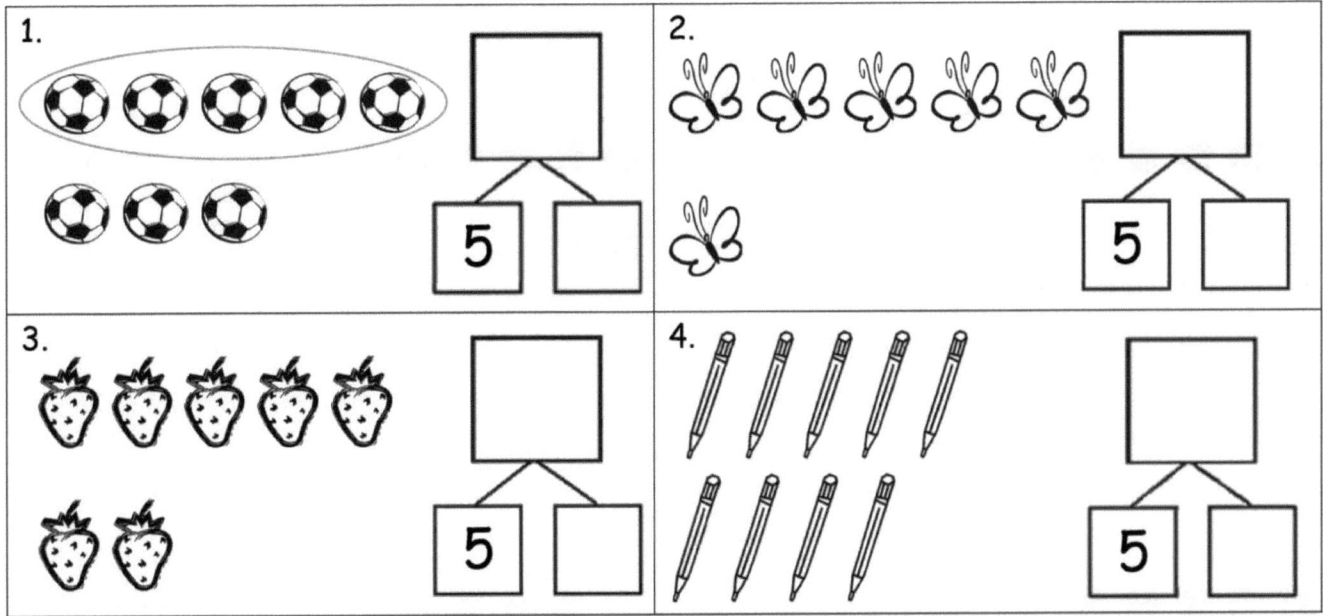

Mets du vernis à ongles sur le nombre d'ongles indiqué en les coloriant de gauche à droite. Remplis ensuite les parties. Fais une partie avec le nombre d'ongles d'une main.

5.

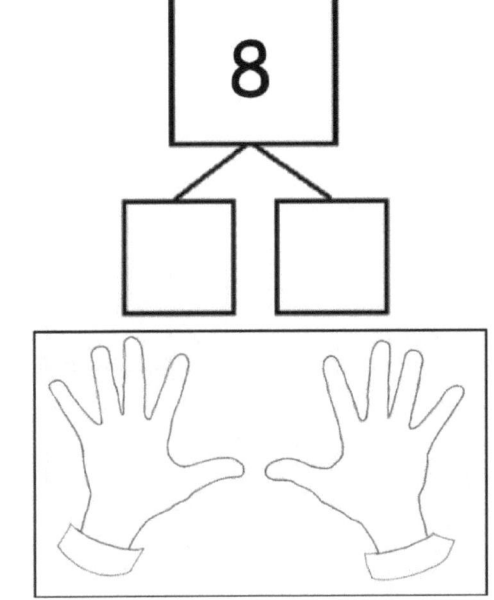

6.

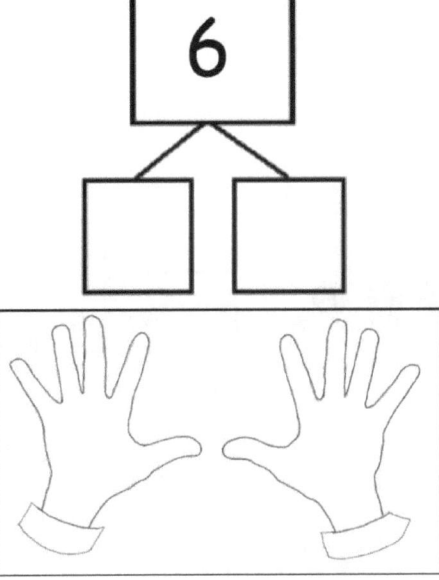

UNE HISTOIRE D'UNITÉS Leçon 1 Ensemble de problèmes 1•1

Fais une liaison numérique qui montre 5 comme une partie.

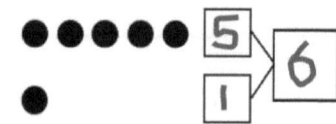

7.

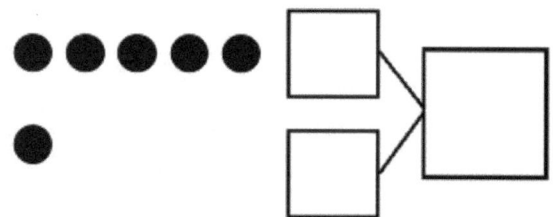

8.

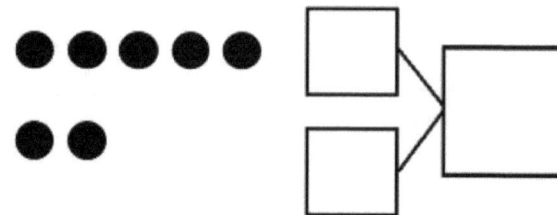

9.

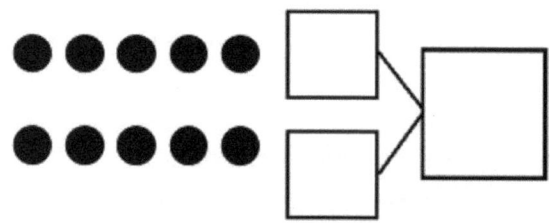

10.

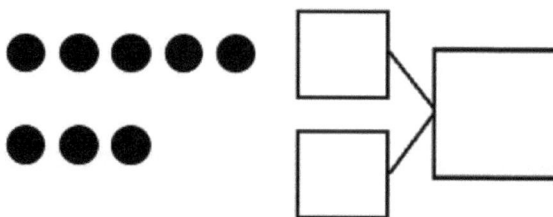

11.

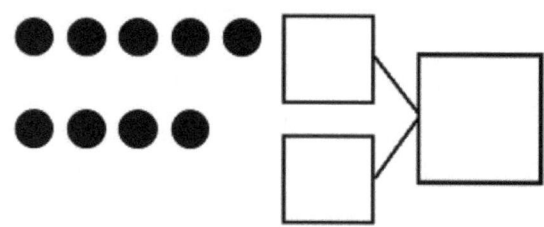

12.

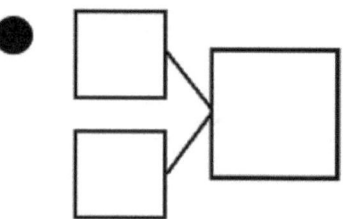

Leçon 1 : Analyser et décrire les nombres intégrés (jusqu'à 10) à l'aide de groupes de 5 et de liaisons numériques.

| UNE HISTOIRE D'UNITÉS | Leçon 1 Ticket de sortie | 1•1 |

Nom _____   Date _____

Fais une liaison numérique pour les images qui montrent 5 comme une partie.

1.

2.

Leçon 1 : Analyser et décrire les nombres intégrés (jusqu'à 10) à l'aide de groupes de 5 et de liaisons numériques.

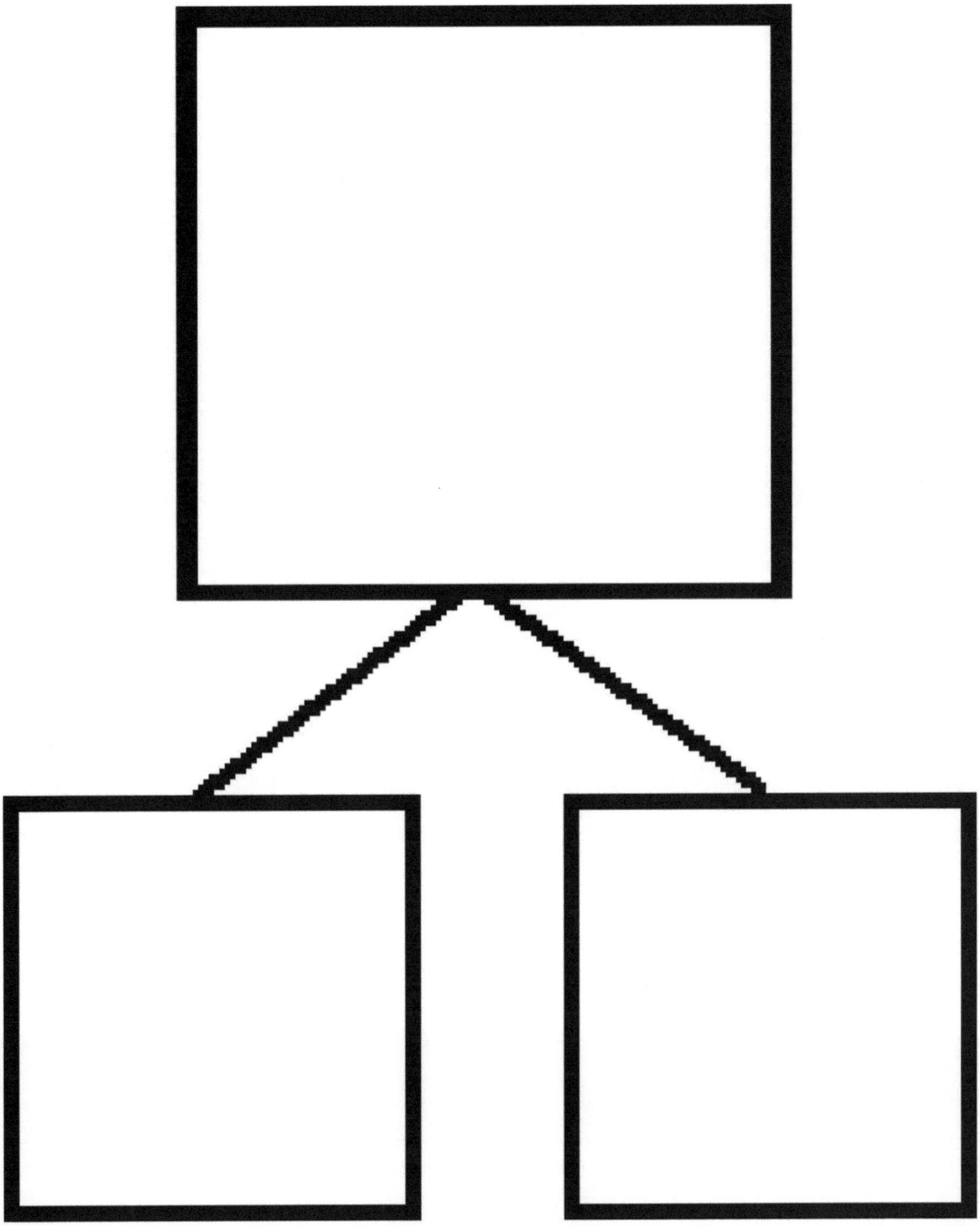

UNE HISTOIRE D'UNITÉS Leçon 1 Modèle 1•1

_____
liaison numérique

Leçon 1 : Analyser et décrire les nombres intégrés (jusqu'à 10) à l'aide de groupes de 5 et de liaisons numériques.

7

Lis

Bella a renversé des crayons sur le tapis. Gino est venu l'aider à les ramasser. Gino a trouvé 5 crayons sous le bureau et Bella en a trouvé 4 près de la porte. Combien de crayons ont-ils trouvés ensemble ? Dessine une image mathématique et écris une liaison numérique et une phrase numérique qui raconte l'histoire.

Dessine

Écris

Ils ont trouvé ⬜ crayons.

UNE HISTOIRE D'UNITÉS — Leçon 2 Ensemble de problèmes 1•1

Nom _____ Date _____

Encercle 2 parties que tu vois. Fais une liaison numérique qui correspond.

1.

2.

3.

4.

5.

6.

Leçon 2 : Raisonner sur les nombres intégrés dans des configurations variées en utilisant des liaisons numériques.

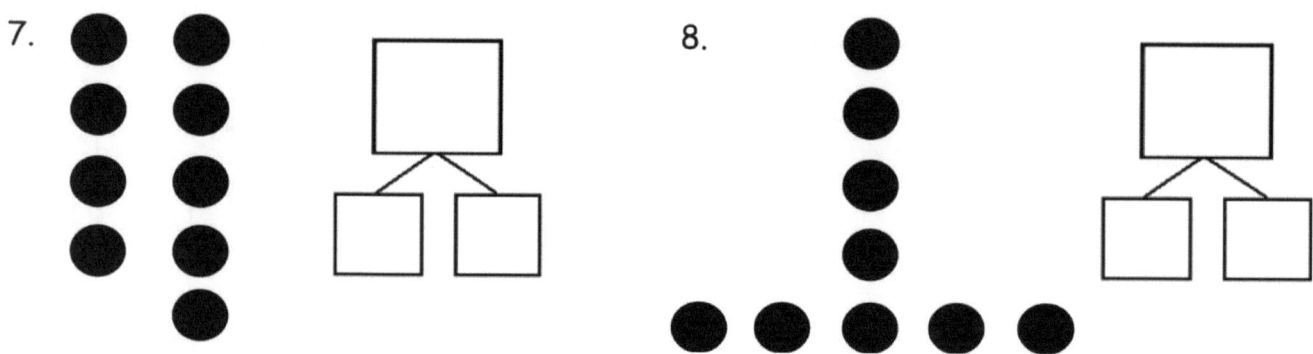

9. Combien de fruits vois-tu ? Écris au moins 2 liaisons numériques différentes pour montrer différentes façons de séparer le total.

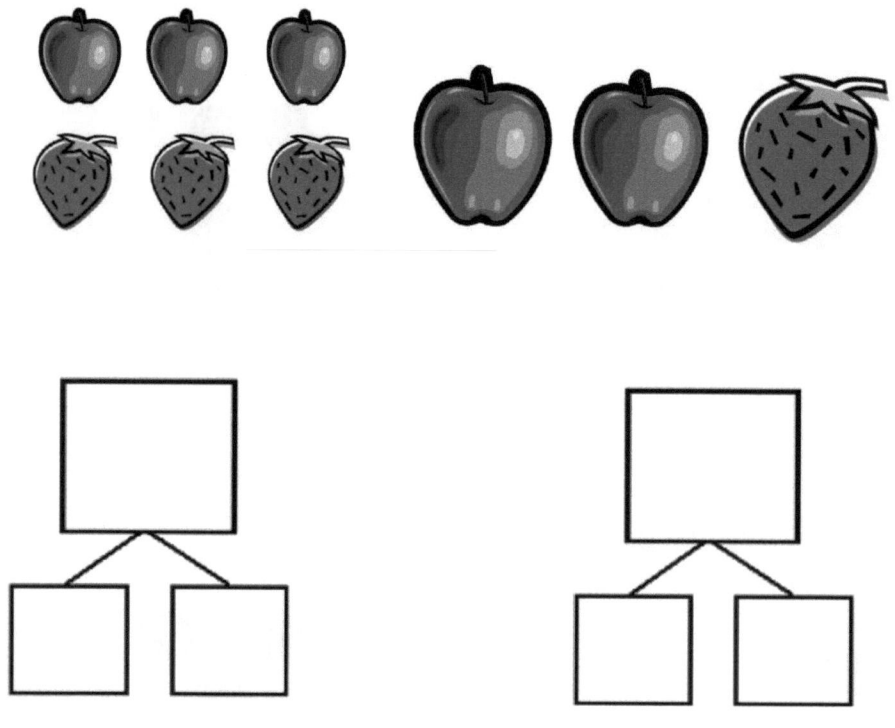

Nom _____ Date _____

Encercle 2 parties que tu vois. Fais une liaison numérique qui correspond.

1.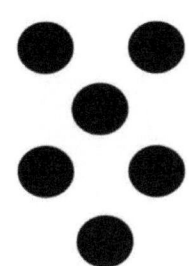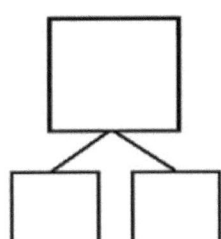

2.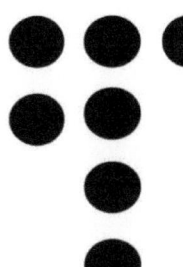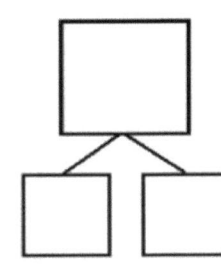

3.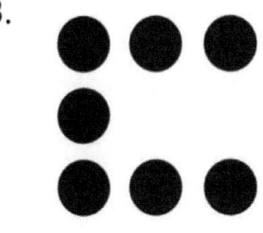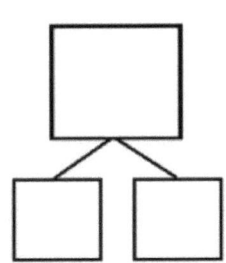

4.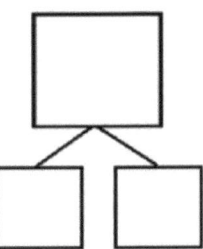

Leçon 2 : Raisonner sur les nombres intégrés dans des configurations variées en utilisant des liaisons numériques.

UNE HISTOIRE D'UNITÉS Leçon 3 Problème d'application 1•1

Lis

Alex avait 9 billes dans sa main. Il a caché ses mains derrière son dos et en a mis quelques unes dans une main et les autres dans son autre main. Combien de billes peuvent être dans chaque main ?

Utilise des images ou des nombres pour écrire une liaison numérique et montrer ton idée.

Dessine

Leçon 3 : Regarder et décrire le nombre d'objets en utilisant *1 de plus* dans des configurations à groupes de 5.

Écris

Nom _____ Date _____

Dessine-en un de plus dans le groupe de 5. Dans la case, écris les nombres pour décrire la nouvelle image.

1.

1 de plus que 7 est ____.

7 + 1 = ____

2.

1 de plus que 9 est ____.

9 + 1 = ____

3.

1 de plus que 6 est ____.

6 + 1 = ____

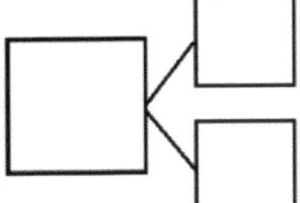

4.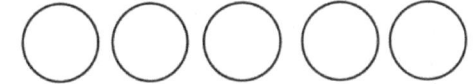

1 de plus que 5 est ____.

5 + 1 = ____

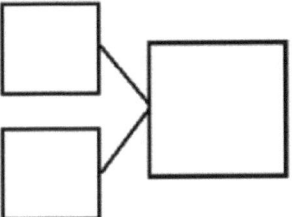

5.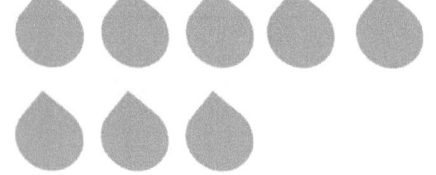

1 de plus que 8 est _____.

8 + 1 = _____

6.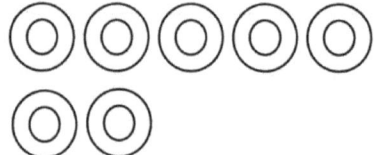

_____ est 1 de plus que 7

_____ = 7 + 1

7. Q Q Q Q Q
Q

_____ est 1 de plus que 6

_____ = 6 + 1

8.

_____ est 1 de plus que 5

_____ = 5 + 1

9. Imagine l'ajout d'un 1 sac à dos de plus à l'image. Ensuite, écris les nombres correspondants au nombre de sacs à dos qu'il y aura.

1 de plus que 7 est _____.

_____ + 1 = _____

Nom _____   Date _____

Combien d'objets vois-tu ? Dessines-en un de plus. Combien d'objets y a-t-il maintenant ?

1.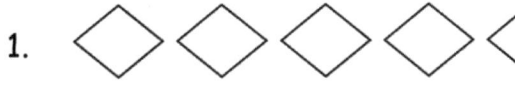

_____ est 1 de plus que 9

9 + 1 = _____

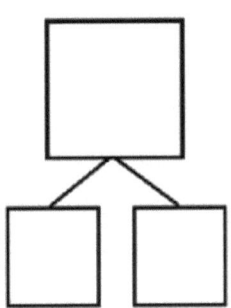

2.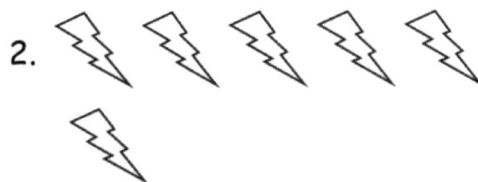

1 de plus que 6 est _____.

_____ + 1 = _____

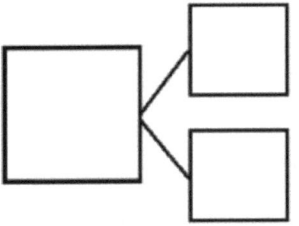

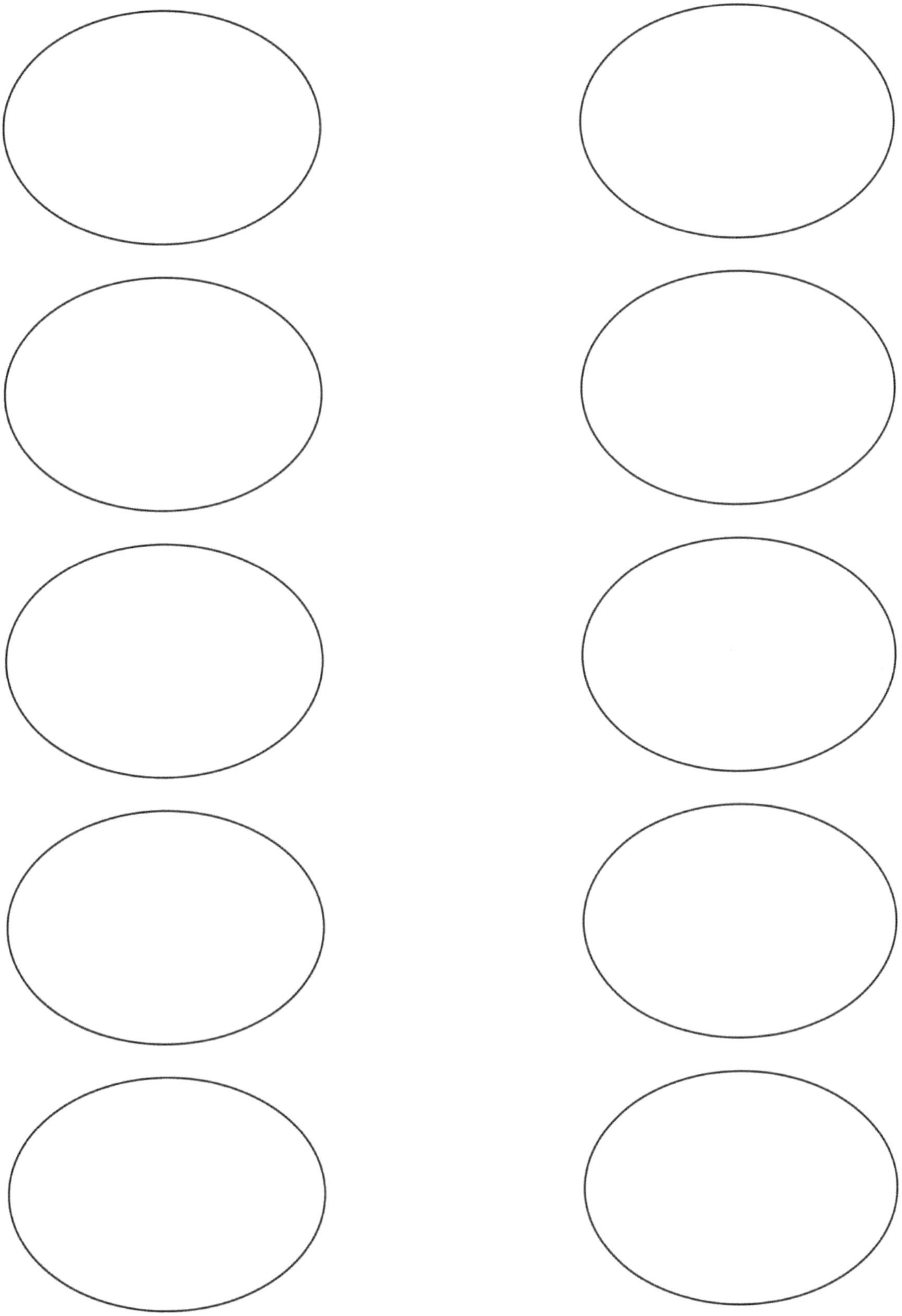

| UNE HISTOIRE D'UNITÉS | Leçon 3 Modèle 2 | 1•1 |

Tapis de 25 groupes

Leçon 3 : Regarder et décrire le nombre d'objets en utilisant *1 de plus* dans des configurations à groupes de 5.

Lis

Notre classe avait 4 citrouilles. Lundi, Marta a apporté 1 citrouille de plus. Combien de citrouilles notre classe avait-elle lundi ?

Mardi, Beto a apporté 1 citrouille de plus. Combien de citrouilles notre classe avait-elle mardi ?

Puis, mercredi, Shea a apporté 1 autre citrouille. Combien de citrouilles notre classe avait-elle mercredi ?

Dessine une image et écris une phrase numérique pour montrer ta pensée. Que remarques-tu sur ce qui s'est passé chaque jour ?

Extension : Si ce schéma se poursuit, combien de citrouilles notre classe aura-t-elle vendredi ?

Leçon 4 Problème d'application 1•1

Dessine

Écris

_____

_____

_____

Leçon 4 : Représenter des situations de mise ensemble avec des liaisons numériques. Compter d'un nombre intégré ou d'une partie jusqu'à un total de 6 et 7, puis générer toutes les expressions d'addition pour chaque total.

UNE HISTOIRE D'UNITÉS — Leçon 4 Série de problèmes 1•1

Nom _____   Date _____

Façons d'obtenir 6.

Utilise l'image des pommes pour t'aider à écrire toutes les différentes façons d'obtenir 6.

Leçon 4 : Représenter des situations de mise ensemble avec des liaisons numériques. Compter d'un nombre intégré ou d'une partie jusqu'à un total de 6 et 7, puis générer toutes les expressions d'addition pour chaque total.

Nom _____   Date _____

Montre différentes façons d'obtenir 6. Dans chaque série, colorie certains cercles et laisse les autres vides.

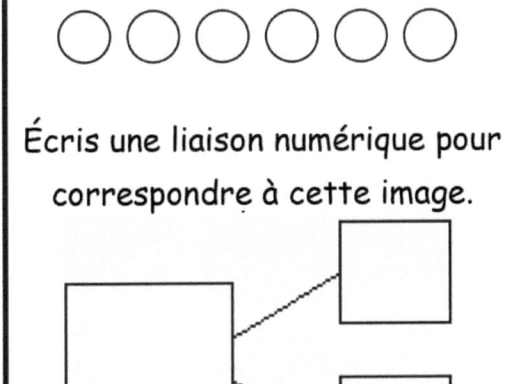

Écris une liaison numérique pour correspondre à cette image.

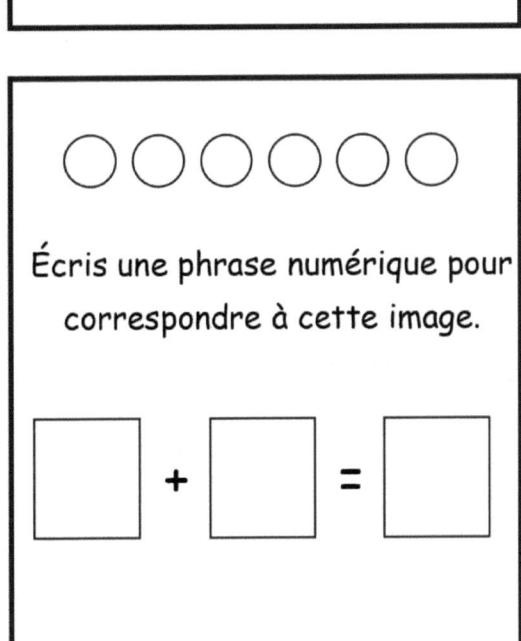

Écris une phrase numérique pour correspondre à cette image.

UNE HISTOIRE D'UNITÉS — Leçon 4 Modèle 1•1

Carte photo de 6 pommes

Leçon 4 : Représenter des situations de mise ensemble avec des liaisons numériques. Compter d'un nombre intégré ou d'une partie jusqu'à un total de 6 et 7, puis générer toutes les expressions d'addition pour chaque total.

Lis

Marcus avait 6 bonbons. Il a décidé d'en donner à sa mère et d'en garder pour lui.

Utilise des photos et des chiffres pour montrer deux manières que Marcus aurait pu diviser 6 morceaux de ses bonbons.

Dessine

Écris

Nom _____ Date _____

Façons d'obtenir 7. Utilise l'image de la classe pour t'aider à écrire les expressions et les liaisons numériques pour montrer toutes les différentes façons d'obtenir 7.

Leçon 5 : Représenter des situations de mise ensemble avec des liaisons numériques. Compter d'un nombre intégré ou d'une partie jusqu'à un total de 6 et 7, puis générer toutes les expressions d'addition pour chaque total.

Nom _____ Date _____

Colorie deux dés qui font 7 ensemble. Ensuite, remplis la liaison numérique et les phrases numériques qui correspondent aux dés que vous avez coloriés.

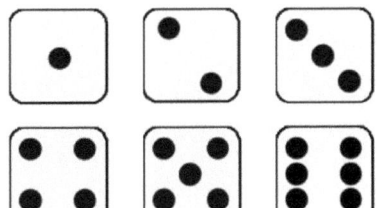
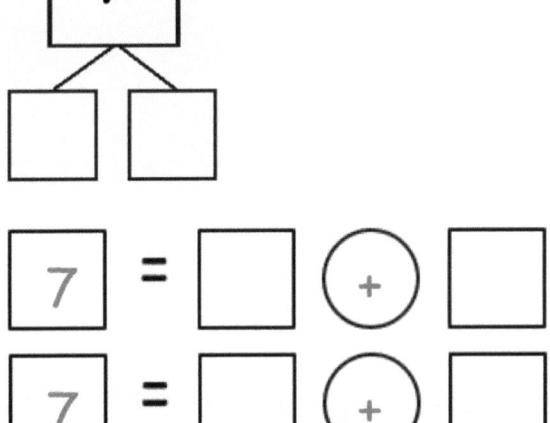

☐ + ☐ = 7   7 = ☐ + ☐

☐ + ☐ = 7   7 = ☐ + ☐

Leçon 5 : Représenter des situations de mise ensemble avec des liaisons numériques. Compter d'un nombre intégré ou d'une partie jusqu'à un total de 6 et 7, puis générer toutes les expressions d'addition pour chaque total.

Carte d'image de 7 enfants

Lis

Tom a 4 voitures rouges et 3 voitures vertes. Dave a 5 voitures rouges et 2 voitures vertes. Dave pense qu'il a plus de voitures que Tom.

Dave a-t-il raison?

Fais un dessin pour montrer comment tu le sais. Écris une liaison numérique pour montrer les ensembles de voitures de chacun des garçons.

Dessine

Leçon 6 : Représenter des situations de mise ensemble avec des liaisons numériques. Compter d'un nombre intégré ou d'une partie jusqu'à un total de 6 et 7, puis générer toutes les expressions d'addition pour chaque total.

Écris

Nom _____ Date _____

Encercle la partie. Compte pour afficher 8 avec l'image et la liaison numérique. Écris les expressions.

Encercle 7 — [image of 8 squares with 7 circled] — 8 → 7, 1 — 1 + 7 ; 7 + 1

1. Encercle 6. Combien faut-il ajouter à 6 pour obtenir 8 ?

   [8 smiley faces: 5 in top row, 3 in bottom row]   8 → 6, ☐   ☐ + ☐ ; ☐ + ☐

2. Encercle 5. Combien faut-il ajouter à 5 pour obtenir 8 ?

   [8 clouds: 5 in top row, 3 in bottom row]   8 → ☐, ☐   ☐ + ☐ ; ☐ + ☐

3. Encercle 4. Combien faut-il ajouter à 4 pour obtenir 8 ?

   [8 triangles: 3, 3, 2]   ☐ → ☐, ☐   ☐ + ☐ ; ☐ + ☐

Leçon 6 : Représenter des situations de mise ensemble avec des liaisons numériques. Compter d'un nombre intégré ou d'une partie jusqu'à un total de 6 et 7, puis générer toutes les expressions d'addition pour chaque total.

4. Ces liaisons numériques sont dans un ordre commençant par la plus grande partie en premier. Écris pour indiquer quelles liaisons numériques manquent.

a. 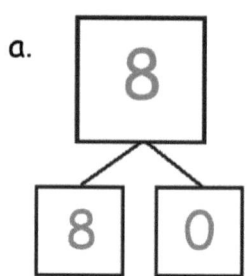 b. 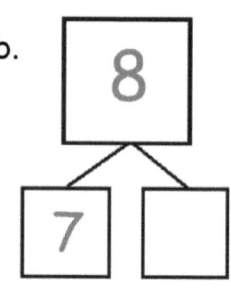 c. 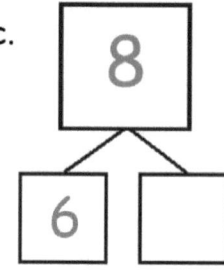 d. 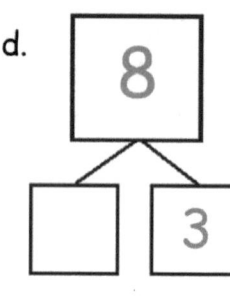 e.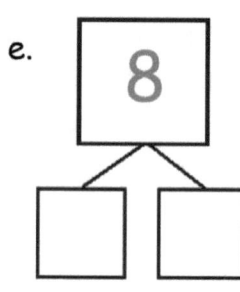

5. Utilise l'expression pour écrire une liaison numérique et dessine une image qui fait 8.

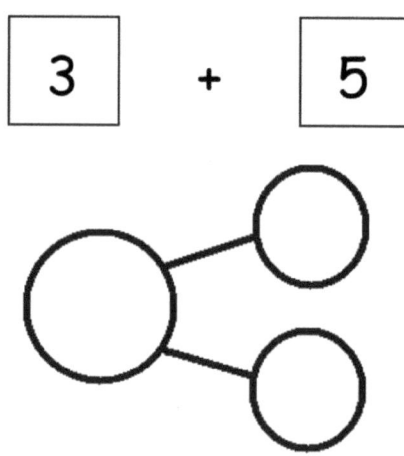

6. Utilise l'expression pour écrire une liaison numérique et dessine une image qui fait 8.

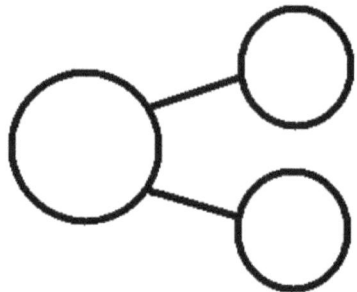

| UNE HISTOIRE D'UNITÉS | Leçon 6 Ticket de sortie | 1•1 |

Nom _____   Date _____

Remplis la partie manquante de la liaison numérique et compte pour trouver le total. Ensuite, écris 2 phrases d'addition pour chaque liaison numérique.

1.

2.

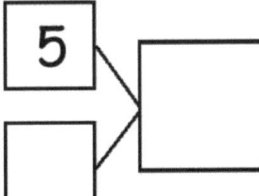

Leçon 6 : Représenter des situations de mise ensemble avec des liaisons numériques. Compter d'un nombre intégré ou d'une partie jusqu'à un total de 6 et 7, puis générer toutes les expressions d'addition pour chaque total.

Carte d'image de 8 animaux

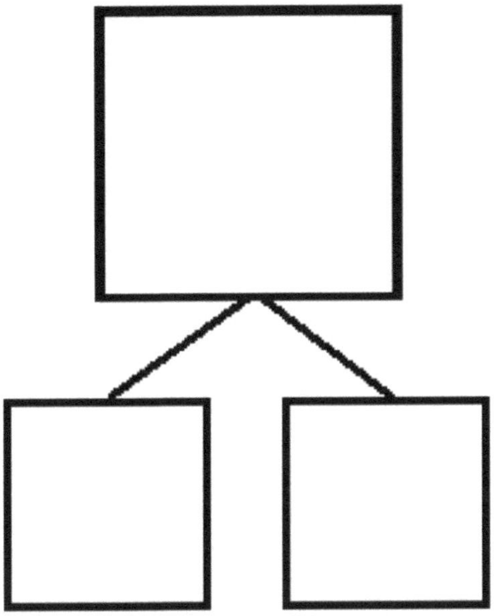

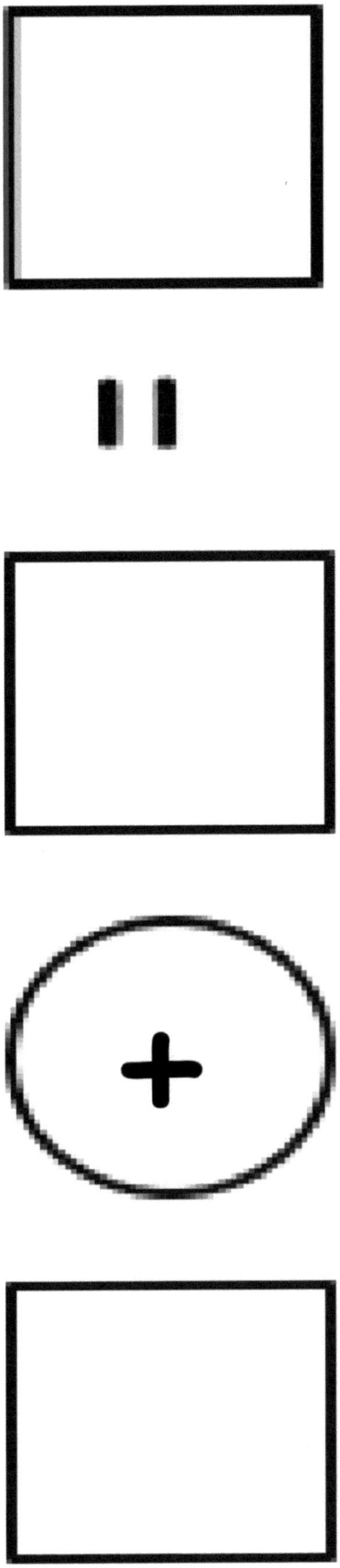

UNE HISTOIRE D'UNITÉS — Leçon 6 Modèle 2 — 1•1

_____
phrase et liaison numériques vides

Leçon 6 : Représenter des situations de mise ensemble avec des liaisons numériques. Compter d'un nombre intégré ou d'une partie jusqu'à un total de 6 et 7, puis générer toutes les expressions d'addition pour chaque total.

Nom _____ Date _____

Utilise tes cartes à 5 groupes pour t'aider à écrire les expressions et les liaisons numériques pour montrer toutes les différentes façons d'obtenir 8.

façons d'obtenir 8

Lis

Jenny a 8 fleurs dans un vase. Les fleurs sont disponibles en deux couleurs différentes. Dessine une image pour montrer à quoi pourrait ressembler le vase de fleurs. Écris une phrase numérique et une liaison numérique pour correspondre à ton image.

Dessine

Écris

Nom _____ Date _____

Encercle la partie. Compte pour afficher 9 avec l'image et la liaison numérique. Écris les expressions.

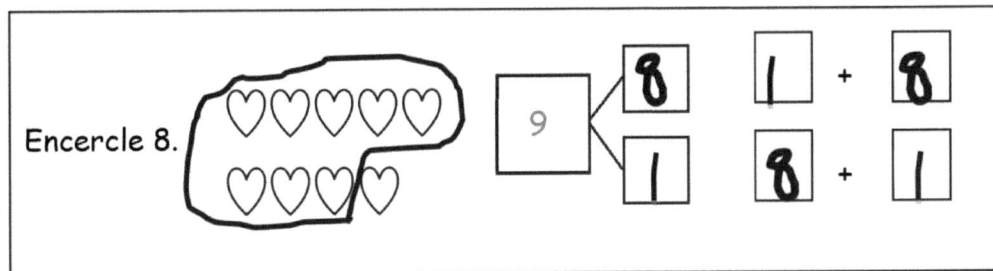

1. Encercle 7. Combien faut-il ajouter à 7 pour obtenir 9 ?

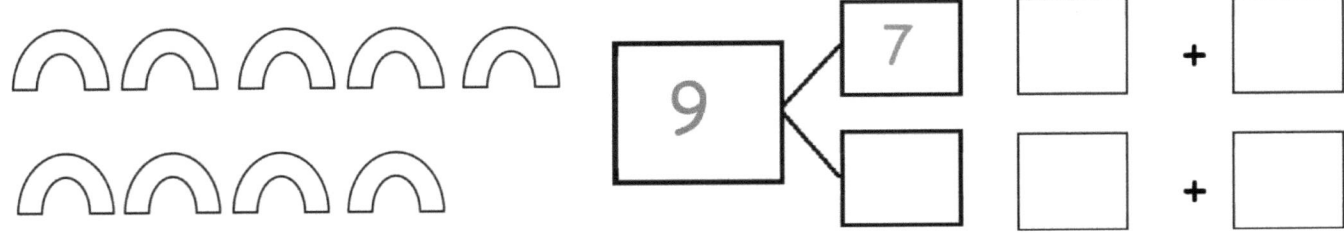

2. Encercle 4. Combien faut-il ajouter à 4 pour obtenir 9 ?

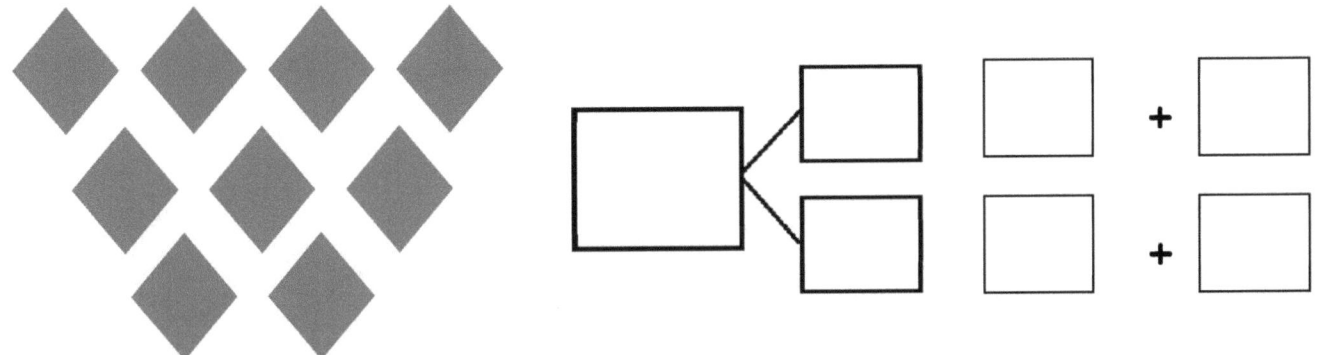

3. Encercle 3. Combien faut-il ajouter à 3 pour obtenir 9 ?

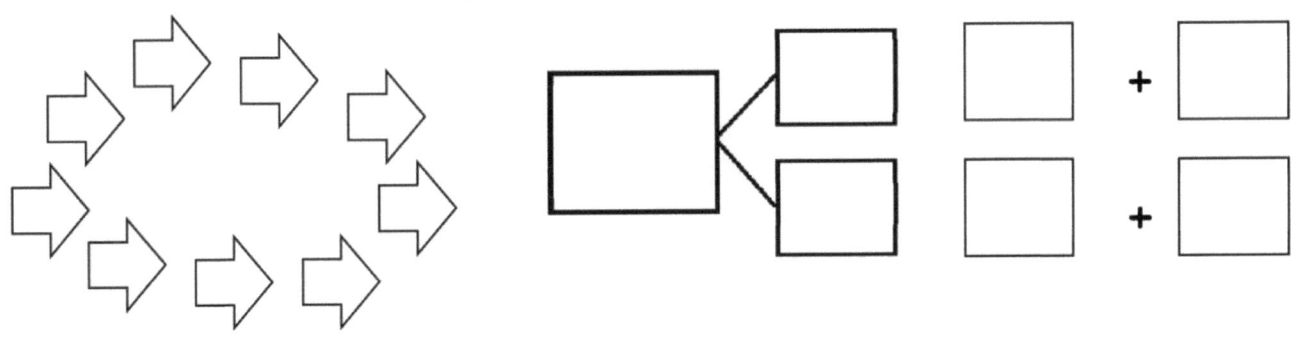

4. Trace une ligne pour montrer des partenaires de 9.

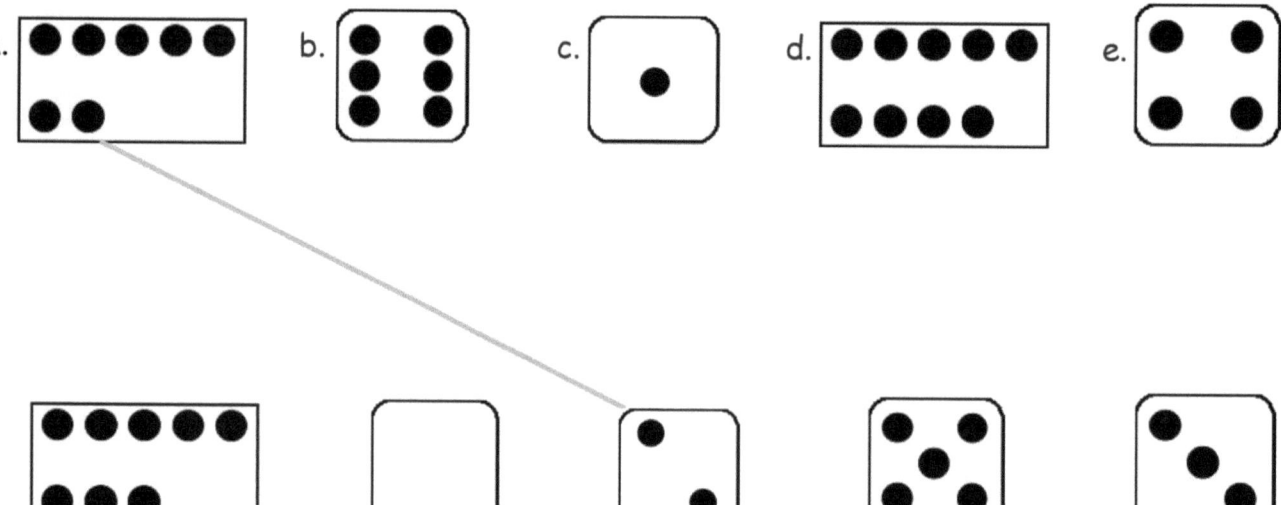

5. Écris une liaison numérique pour chaque partenaire de 9. Utilise les partenaires ci-dessus pour t'aider.

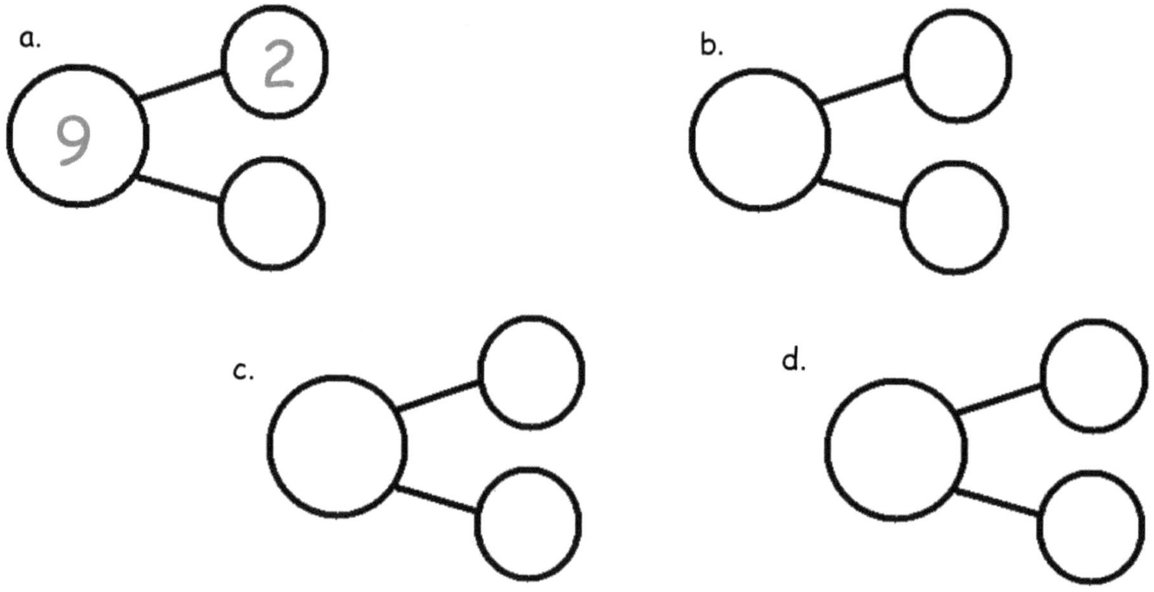

a. 9, 2

b.

c.

d.

e. 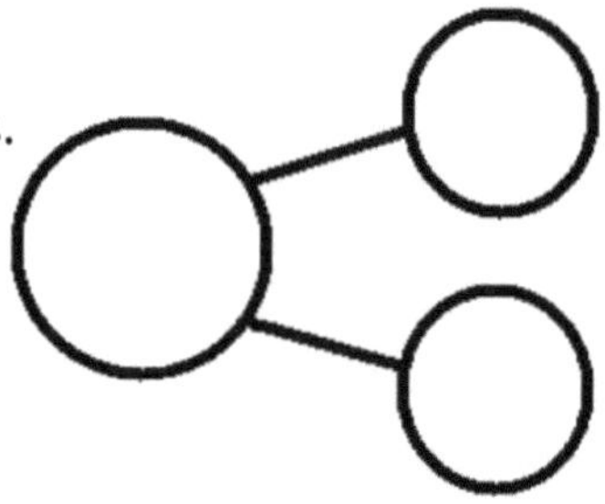 Écris les phrases numériques qui correspondent à cette liaison numérique !

☐ + ☐ = ☐

☐ + ☐ = ☐

Nom _____   Date _____

1. Entoure les paires de numéros qui font 9.

2. Complète les liaisons numériques pour montrer 2 façons différentes d'obtenir 9.

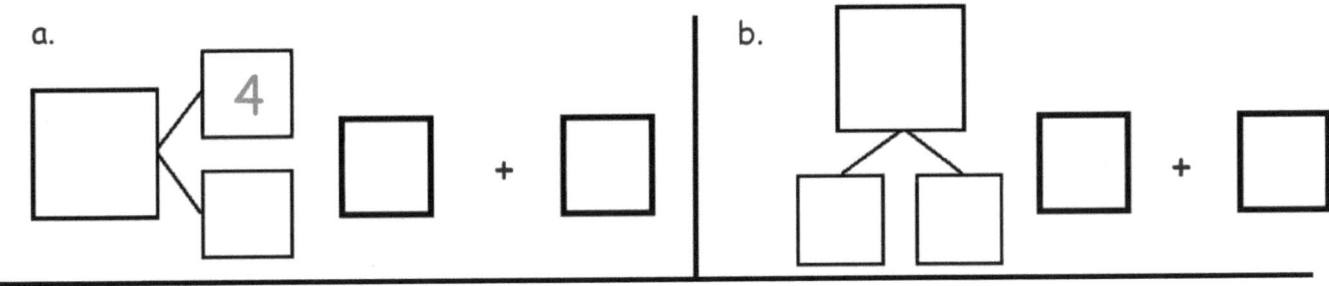

Carte d'image de 9 livres

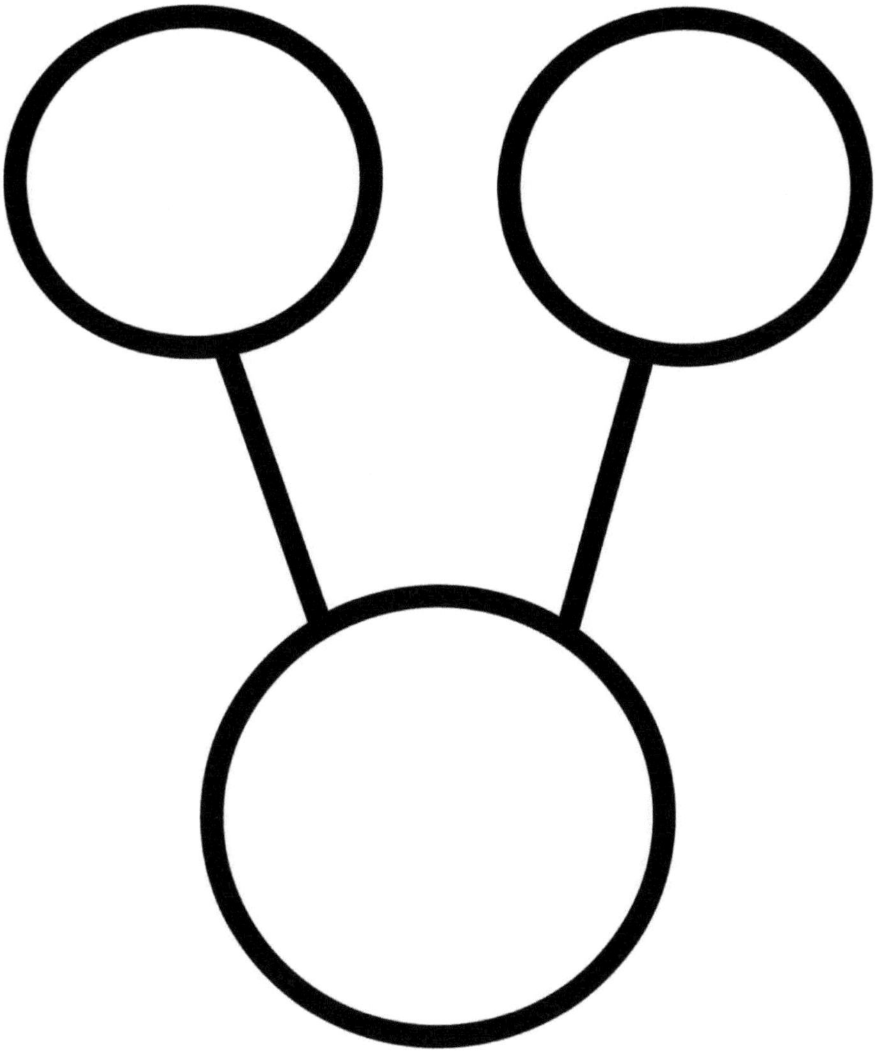

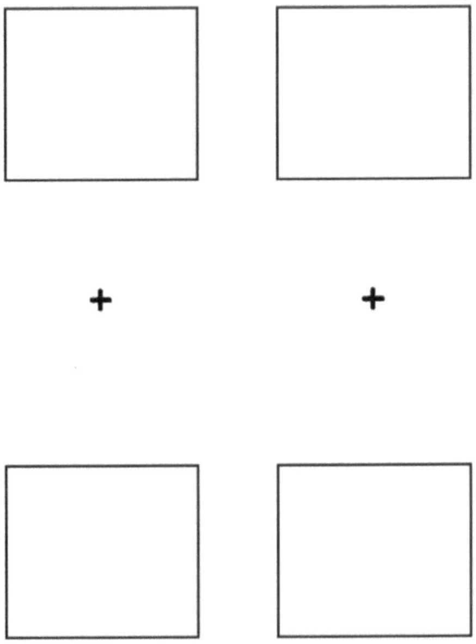

UNE HISTOIRE D'UNITÉS   Leçon 7 Modèle 2   1•1

_____
liaison numérique et expression

Leçon 7 : Représenter des situations de mise ensemble avec des liaisons numériques. Compter d'un nombre intégré ou d'une partie jusqu'à un total de 6 et 7, puis générer toutes les expressions d'addition pour chaque total.

Copyright © Great Minds PBC

Lis

Rayden a reçu 9 autocollants à l'école. Il a reçu 5 autocollants le matin.

Combien d'autocollants a-t-il reçus dans l'après-midi ?

Dessine une image, une liaison numérique et une phrase numérique pour montrer comment tu le sais.

Dessine

Écris

Rayden a reçu  des autocollants dans l'après-midi.

UNE HISTOIRE D'UNITÉS   Leçon 8 Série de problèmes   1•1

Nom _____   Date _____

1. Utilise ton bracelet pour montrer différents partenaires de 10. Ensuite, dessine les perles. Écris une expression qui correspond.

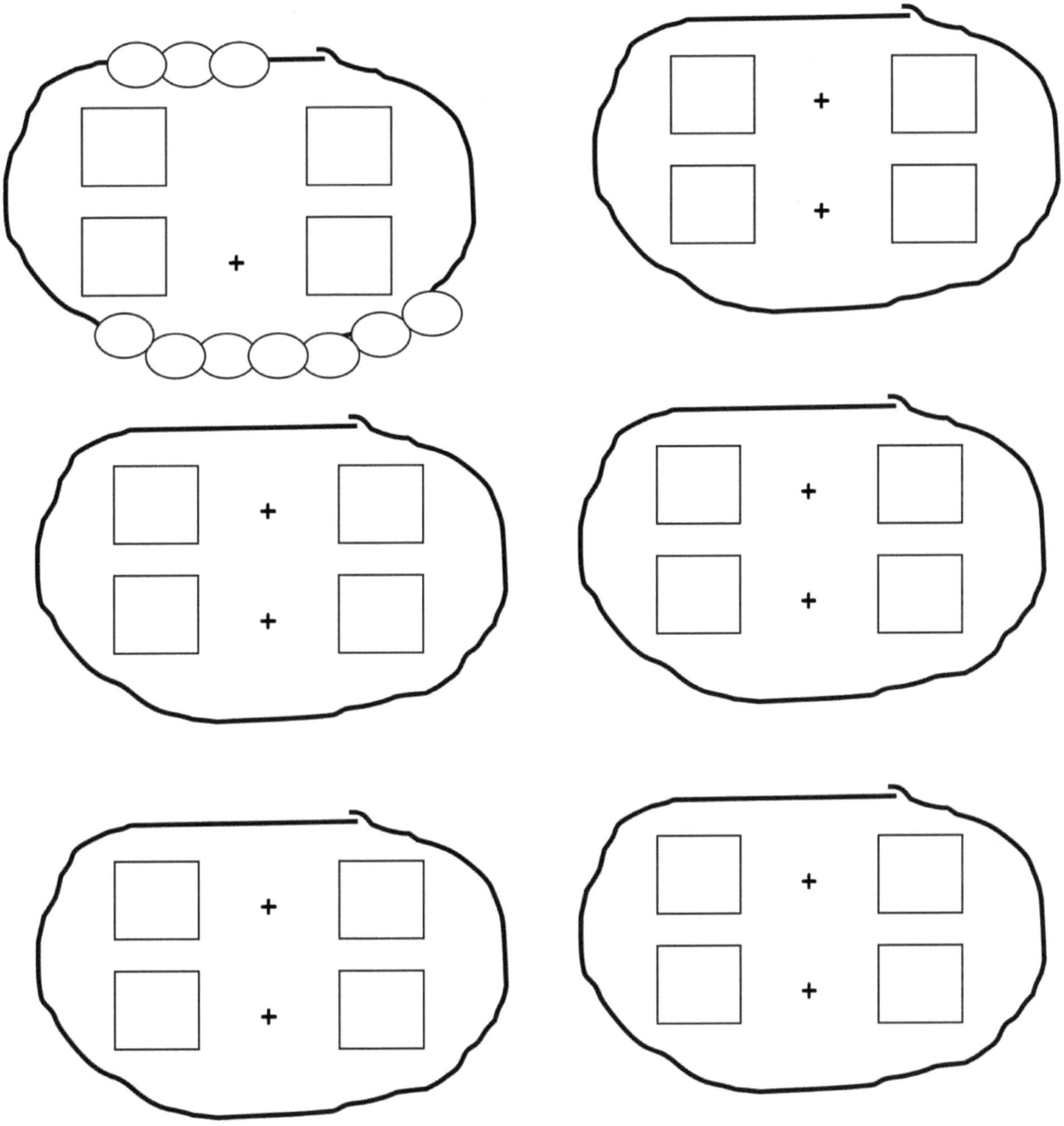

UNE HISTOIRE D'UNITÉS   Leçon 8 Série de problèmes   1•1

2. Fais correspondre les partenaires de 10. Ensuite, écris une liaison numérique pour chaque partenaire.

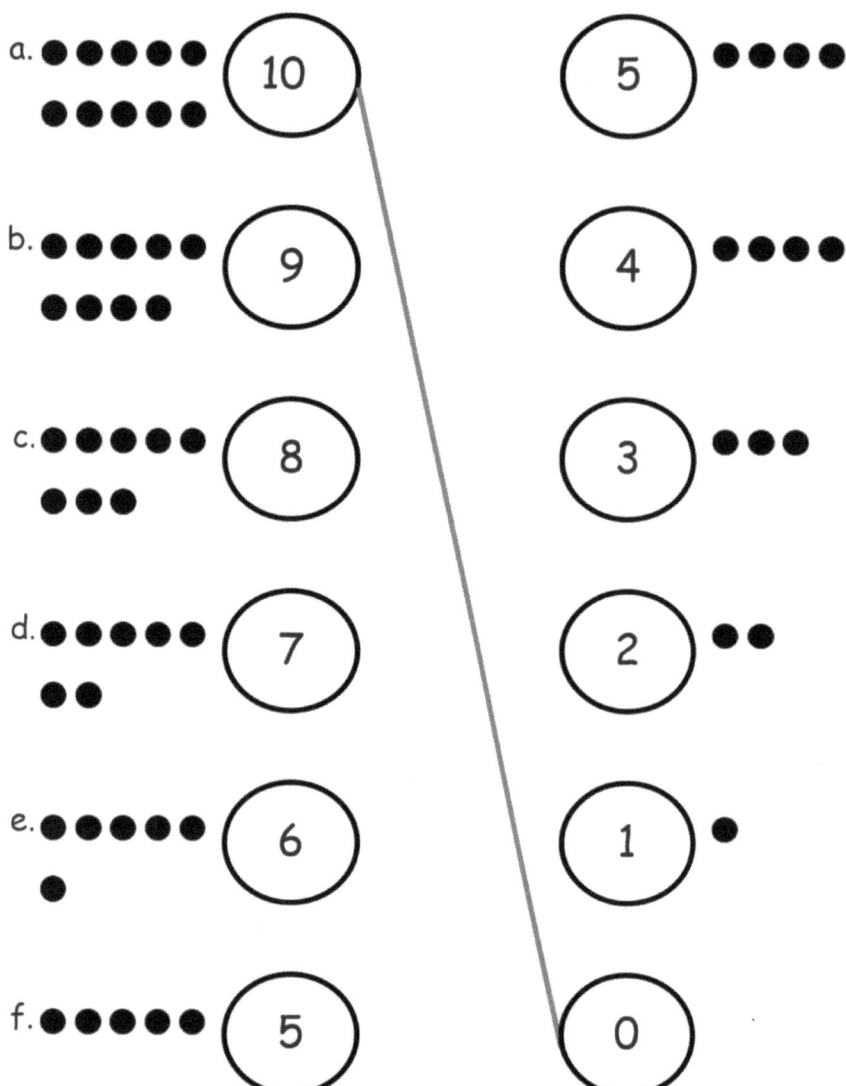

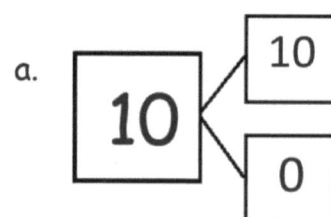

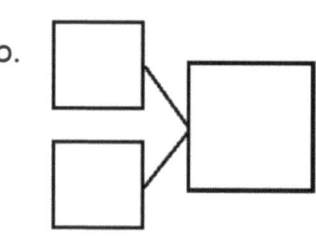

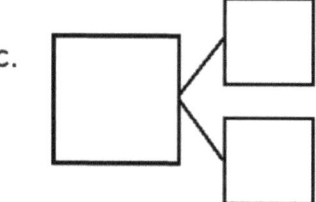

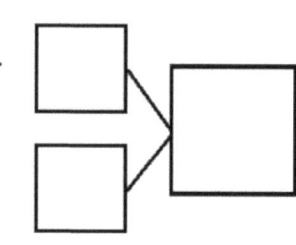

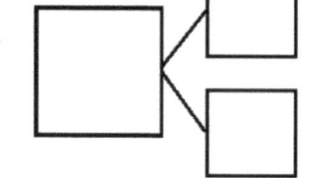

3. Colore la liaison numérique qui a 2 parties identiques. Écris des phrases d'addition pour correspondre à cette liaison numérique.

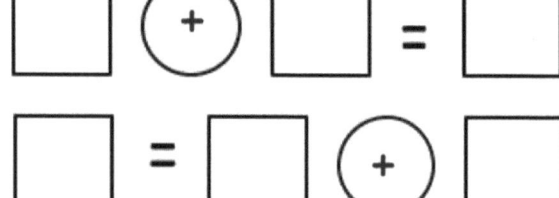

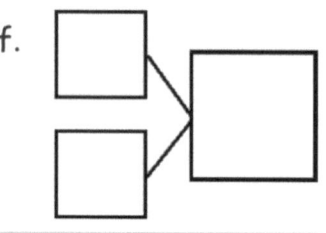

64   Leçon 8 :   Représenter toutes les paires de nombres de 10 sous forme de liaisons numériques à partir d'un scénario donné et générer toutes les expressions égales à 10.

Copyright © Great Minds PBC

EUREKA MATH

Nom _____ Date _____

Colore les partenaires qui font 10.

Lis

Kira fabriquait un bracelet numéroté avec un total de 10 perles dessus. Elle a mis 3 perles rouges jusqu'à présent. Combien de perles doit-elle ajouter au bracelet ?

Explique ton raisonnement dans une phrase illustrée et numérotée.

Dessine

Écris

Kira a besoin de  perles en plus.

Nom _____ Date _____

1.

☐ + ☐ = ☐

_____ ballons sont là.   _____ autres sont ajoutés.   Maintenant, il y a _____ ballons.

Fais une liaison numérique pour correspondre à l'histoire.

2.

☐ + ☐ = ☐

_____ grenouilles sont là.   _____ autres sont venues.   Maintenant, il y a _____ grenouilles.

Fais une liaison numérique pour correspondre à l'histoire.

Leçon 9 : Résoudre les histoires mathématiques d'ajout et de mise ensemble avec un résultat inconnu en dessinant, en écrivant des équations et en énonçant la solution.

3.

□ + □ = □

Il y a _____ drapeaux sombres.   Il y a _____ drapeaux blancs.

En tout, il y a _____ drapeaux.

Fais une liaison numérique pour correspondre à l'histoire.

4.

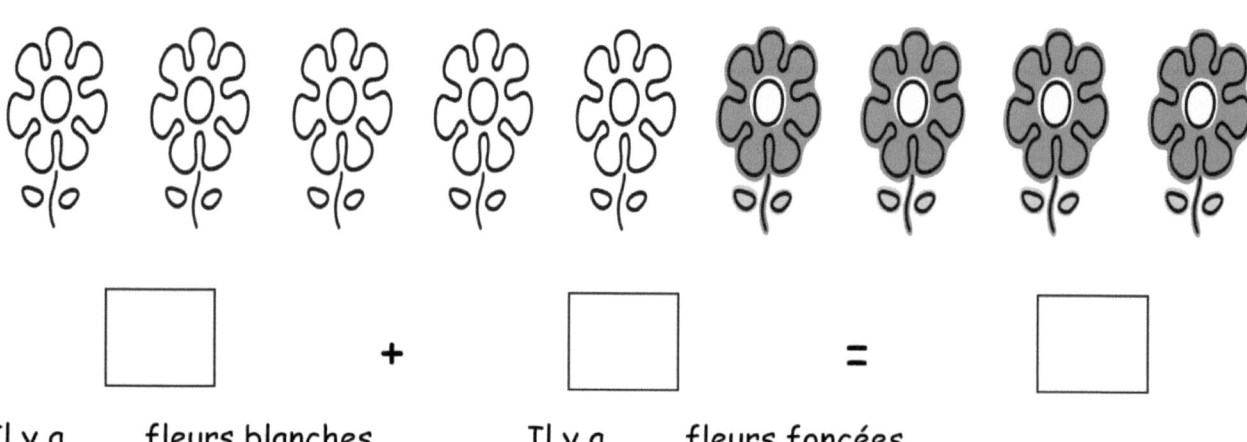

□ + □ = □

Il y a ___ fleurs blanches.   Il y a ___ fleurs foncées.

En tout, il y a _____ fleurs.

Fais une liaison numérique pour correspondre à l'histoire.

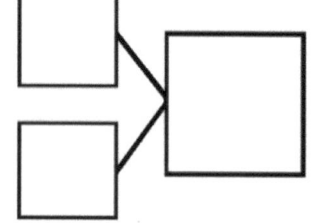

UNE HISTOIRE D'UNITÉS   Leçon 9 Ticket de sortie   1•1

Nom _____   Date _____

Dessine une image et écris une phrase numérique pour correspondre à l'histoire.

Ben a 3 ballons rouges et obtient 5 ballons verts. Combien de ballons a-t-il maintenant ?

☐ + ☐ = ☐   Ben a _____ ballons.

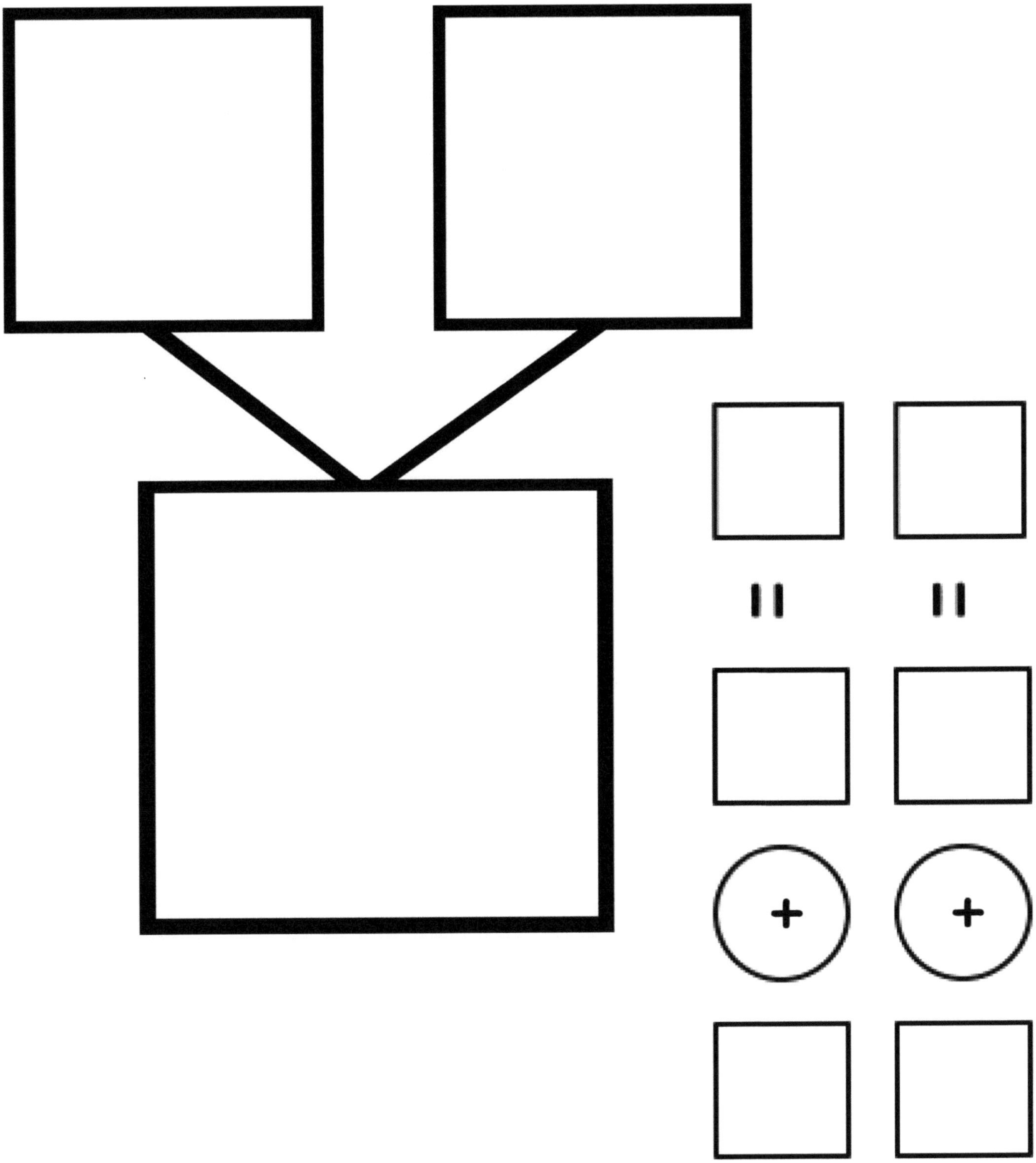

UNE HISTOIRE D'UNITÉS

Leçon 9 Modèle 1•1

liaison numérique et deux équations vides

Leçon 9 : Résoudre les histoires mathématiques d'ajout et de mise ensemble avec un résultat inconnu en dessinant, en écrivant des équations et en énonçant la solution.

73

Lis

La classe recueille des aliments en conserve pour aider ceux qui en ont besoin. L'enseignant apporte 3 boîtes pour commencer la collecte. Lundi, Becky apporte 2 boîtes. Mardi, Talia apporte 2 boîtes. Mercredi, Brendan apporte 2 boîtes. Combien de boîtes y avait-il à la fin de chaque journée ? Dessine une image pour montrer ta pensée. Que remarques-tu sur ce qui s'est passé chaque jour ?

Extension : Si ce schéma se poursuit, combien de boîtes la classe aura-t-elle vendredi ?

UNE HISTOIRE D'UNITÉS   Leçon 10 Problème d'application   1•1

Dessine

Écris

---

76   Leçon 10 :   Résoudre les histoires mathématiques d'ajout avec un résultat inconnu en dessinant et en utilisant des cartes à 5 groupes

Nom _____ Date _____

1. Utilise l'image pour écrire la phrase numérique et la liaison numérique.

 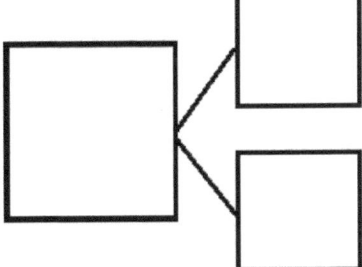

_____ petites tortues + _____ grandes tortues = _____ tortues

2.

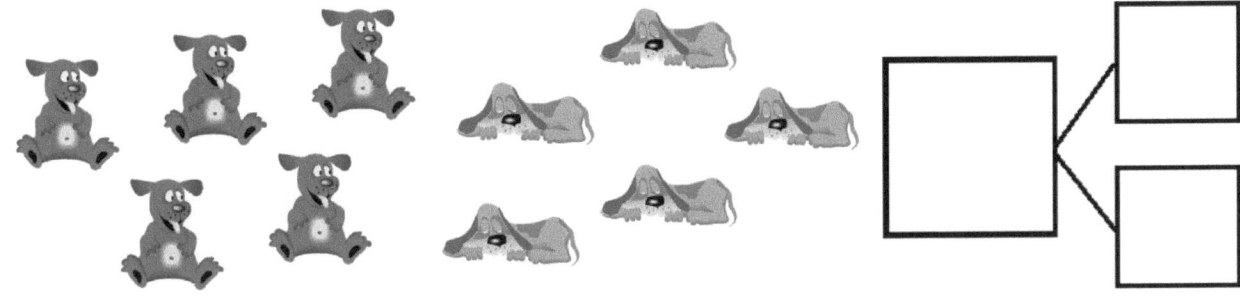

_____ chiens éveillés + _____ chiens endormis = _____ chiens

3.

 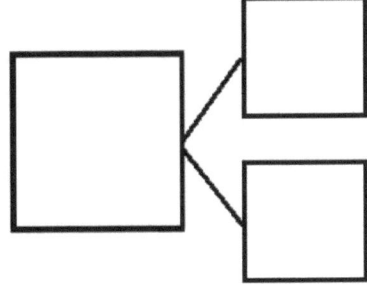

_____ cochons pas dans la boue + _____ cochons dans la boue = _____ cochons

4. Trace une ligne entre l'image et les cartes à 5 groupes correspondantes.

a.

b.
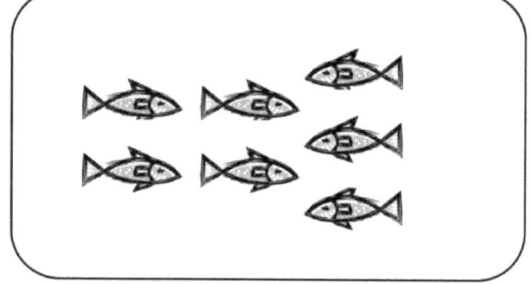

c.

d.

Nom _____ Date _____

1. Dessine pour montrer l'histoire. Il y a 3 gros ballons et 4 petits ballons.

☐ + ☐ = ☐

Combien de ballons y a-t-il en tout ? Il y a _____ ballons.

2. Encercle l'ensemble de carreaux qui correspondent à ton image.

Lis

Il y a 8 enfants dans le club de cuisine parascolaire. Combien de garçons et combien de filles pourraient être dans la classe ? Dessine une image et écris une phrase numérique pour montrer ta pensée.

Extension : Combien d'autres combinaisons de garçons et de filles pourraient être faites ? Écris une liaison numérique pour chaque combinaison à laquelle tu peux penser.

Dessine

Écris

Nom _____ Date _____

1. Jill a reçu un total de 5 fleurs pour son anniversaire. Dessine plus de fleurs dans le vase pour montrer les fleurs d'anniversaire de Jill.

Combien de fleurs as-tu dessiné ? ____ fleurs

Écris une phrase numérique et une liaison numérique pour correspondre à l'histoire.

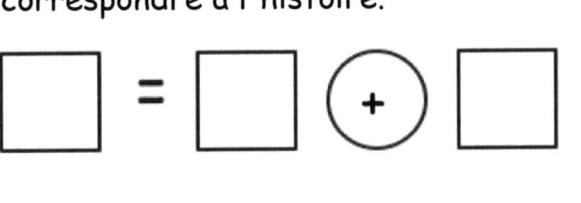

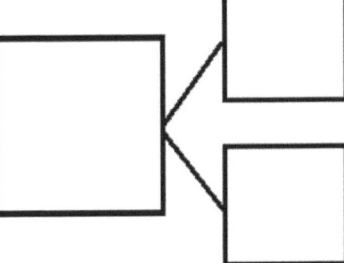

2. Kate et Nana préparaient des biscuits. Elles ont fait 2 biscuits en forme de cœur, puis ont fait des biscuits carrés. Elles ont fait 8 biscuits en tout. Combien de biscuits carrés ont-elles faits ? Dessine et compte pour montrer l'histoire.

Écris une phrase numérique et une liaison numérique pour correspondre à l'histoire.

  =

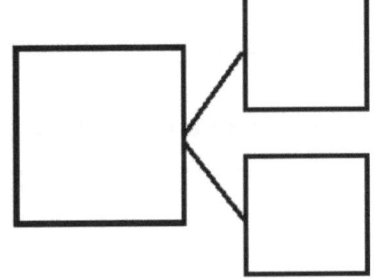

Leçon 11 : Résoudre les histoires mathématiques d'addition avec un changement inconnu en tant que contexte pour compter en dessinant, en écrivant des équations et en énonçant la solution.

Montre les parties. Écris une liaison numérique pour correspondre à l'histoire.

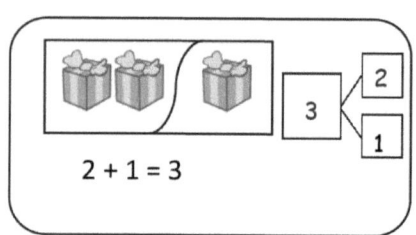

3. Bill a 2 camions. Son ami James est venu avec un peu plus. Ensemble, ils ont 5 camions. Combien de camions James a-t-il amenés ?

 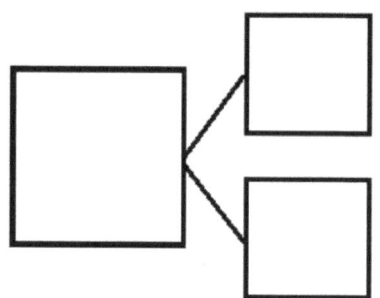

James a amené _____ camions.

Écris une phrase numérique pour expliquer l'histoire.

$\boxed{2} \; (+) \; \boxed{} \; = \; \boxed{5}$

4. Jane a attrapé 7 poissons avant de s'arrêter pour déjeuner. Après le déjeuner, elle en a attrapé un peu plus. À la fin de la journée, elle avait 9 poissons. Combien de poissons a-t-elle attrapés après le déjeuner ?

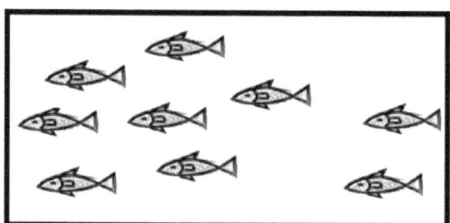 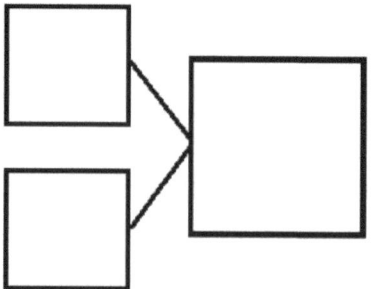

Jane a attrapé _____ poissons après le déjeuner.

Écris une phrase numérique pour expliquer l'histoire.

$\boxed{} \; (+) \; \boxed{} \; = \; \boxed{}$

Nom _____ Date _____

Dessine plus d'ours pour montrer que Jen a 8 ours au total.

J'ai ajouté _____ ours de plus.

Écris une phrase numérique pour montrer combien d'ours tu as dessinés.

Lis

Tanya a 7 livres sur son étagère. Elle a emprunté quelques livres à la bibliothèque et maintenant il y a 9 livres sur son étagère. Combien de livres a-t-elle empruntés à la bibliothèque ?

Explique ton raisonnement avec des images, des mots ou une phrase numérique.

Trace une case autour du nombre mystère dans ta phrase numérique.

Dessine

Écris

Tanya a obtenu  livres à la bibliothèque.

| UNE HISTOIRE D'UNITÉS | Leçon 12 Problème d'application | 1•1 |

Nom _____   Date _____

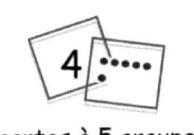
Utilise tes cartes à 5 groupes

Écris les chiffres qui manquent.

1.

$$3 + \underline{} = 5$$

2.

$$5 + \underline{} = 9$$

3.

$$4 + \underline{} = 10$$

Leçon 12 : Résoudre les histoires mathématiques d'addition avec un changement inconnu en utilisant des cartes à 5 groupes.

4. Kate et Bob ont eu 6 balles dans le parc. Kate avait 2 des balles.

   Combien de balles Bob avait-il ?

   _____ balles = _____ balles + _____ balles

   Bob avait _____ balles dans le parc.

---

5. J'avais 3 pommes. Ma maman m'en a donné un peu plus. Ensuite, j'avais 10 pommes.

   Combien de pommes ma maman m'a-t-elle données ?

   _____ pommes + _____ pommes = _____ pommes

   Maman m'a donné _____ pommes.

Nom _____ Date _____

Dessine une image et compte pour résoudre l'histoire mathématique.

🐟   🐟   🐟   🐟

Bob a attrapé 5 poissons. John a attrapé encore plus de poissons. Ils avaient 7 poissons en tout. Combien de poissons John a-t-il attrapés ?

Écris une phrase numérique pour correspondre à ton image.

☐ + ☐ = ☐

John a attrapé _____ poissons.

Leçon 12 : Résoudre les histoires mathématiques d'addition avec un changement inconnu en utilisant des cartes à 5 groupes.

Lis

Sammy avait 6 lapins. L'un d'eux a eu des lapereaux. Maintenant, elle a 10 lapins.

Combien de lapereaux sont nés ?

Dessine une image pour montrer comment tu le sais. Écris une phrase numérique et une liaison numérique pour correspondre à ton image.

Dessine

Écris

Il y a eu ⬜ lapereaux qui sont nés.

Nom _____   Date _____

Avec un partenaire, crée une histoire pour chacune des phrases numériques ci-dessous. Fais un dessin pour montrer. Écris une liaison numérique pour correspondre à l'histoire.

1. 6 + 2 = ☐

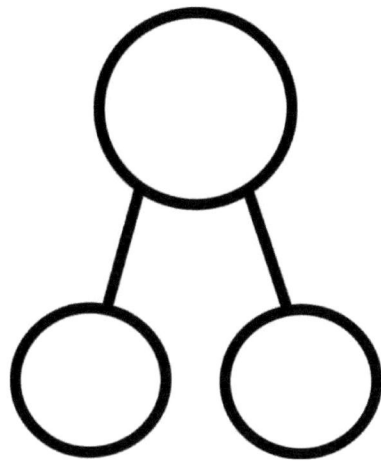

___

2. 5 + 5 = ☐

3. 5 + ☐ = 7

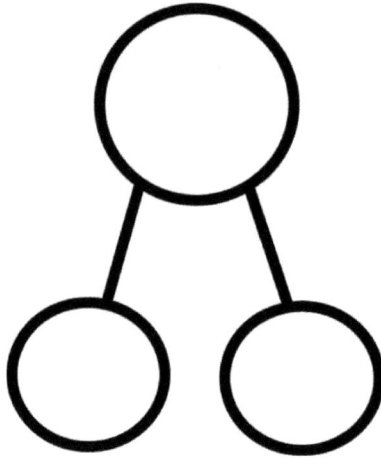

4. 6 + ☐ = 10

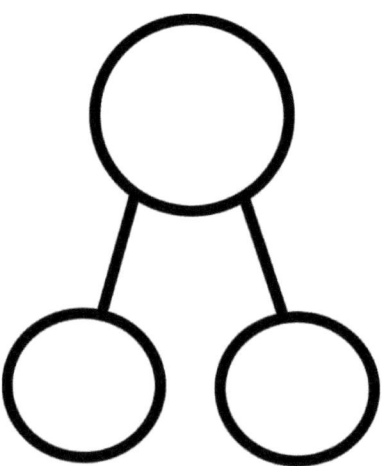

UNE HISTOIRE D'UNITÉS　　　　　　　　　　　　　　Leçon 13 Ticket de sortie　1•1

Nom _____ Date _____

Raconte une histoire mathématique pour chaque phrase numérique en dessinant une image.

1. 5 + 1 = 6

2. 3 + ? = 8

Leçon 14 Problème d'application

Lis

Beth est partie cueillir des pommes. Elle a cueilli 7 pommes et les a mises dans son panier. Deux pommes de plus sont tombées de l'arbre dans son panier ! Combien de pommes a-t-elle maintenant dans son panier ? Dessine une image mathématique et écris une liaison numérique et une phrase numérique qui raconte l'histoire.

Dessine

Écris

Beth a ▯ pommes dans son panier.

Nom _____ Date _____

1. Compte pour ajouter.

☐ ⊕ ☐ = ☐ Il y a _____ fleurs en tout.

2.

☐ = ☐ ⊕ ☐ Il y a _____ oranges en tout.

3.

☐ = ☐ ⊕ ☐ Il y a un total de _____ crayons.

UNE HISTOIRE D'UNITÉS

Leçon 14 Série de problèmes

4. Utilise tes cartes à 5 groupes pour compter et ajouter. Essaye d'utiliser le moins de cartes à points que possible.

   a. 6 + 1 = ☐

   b. 6 + 3 = ☐

   c. 7 + 2 = ☐

   d. ☐ = 5 + 3

 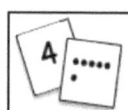

5. Utilise tes cartes à 5 groupes, tes doigts ou tes faits connus pour compter et ajouter.

   a. 8 + 2 = ☐

   b. ☐ = 4 + 1

   c. 4 + 3 = ☐

   d. ☐ = 6 + 3

Nom _____ Date _____

1.  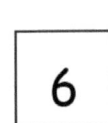 $\boxed{6} + \boxed{2} = \boxed{}$

   6

   J'ai compté _____ chapeaux au total.

---

2. Compte pour résoudre les phrases numériques.

   a. $\boxed{7} + \boxed{3} = \boxed{}$

   b. $\boxed{8} + \boxed{2} = \boxed{}$

Lis

Joshua et Rebecca mangeaient des raisins secs. Joshua avait 7 raisins secs et en a pris 2 de plus de la boîte. Rebecca avait 9 raisins secs et en a pris 2 de plus de la boîte.

Qui avait un plus grand nombre de raisins secs, Joshua ou Rebecca ?

Fais des dessins mathématiques et écris des liaisons numériques ou des phrases numériques pour montrer comment tu le sais.

Dessine

Écris

Nom _____ Date _____

1. Compte pour ajouter.

   a.

   ☐ ⊕ ☐ = ☐   Il y a _____ crayons en tout.

   b.

   ☐ ⊕ ☐ = ☐   Il y a un total de _____ ballons.

   c.

   ☐ = ☐ ⊕ ☐   Il y a _____ crayons en tout.

2. Quel raccourci ou stratégie efficace peux-tu trouver pour ajouter ?

a. 4 + 1 = ☐   h. 2 + 5 = ☐

b. 4 + 3 = ☐   i. 7 + 2 = ☐

c. 7 + 1 = ☐   j. 7 + 3 = ☐

d. ☐ = 6 + 2   k. ☐ = 4 + 2

e. ☐ = 5 + 3   l. ☐ = 2 + 5

f. ☐ = 3 + 6   m. ☐ = 6 + 2

g. ☐ = 3 + 7   n. ☐ = 2 + 8

Nom _____   **Date** _____

Utilise l'image pour ajouter.

Affiche le raccourci que tu as utilisé pour ajouter.

☐ + ☐ = ☐

Il y a _____ œufs en tout.

Lis

Il y avait 10 quilles debout. Finn en a renversé quelques-unes et 7 étaient toujours debout. Combien en a-t-il renversé ?

Utilise un simple dessin mathématique pour montrer ce que tu as fait pour résoudre. Écris une phrase numérique avec une case pour montrer le nombre mystère ou inconnu.

Dessine

Écris

Nom _____   Date _____

1. Dessine plus de pommes pour résoudre 4 + ? = 6.

$\boxed{4} \; (+) \; \boxed{} \; = \; \boxed{6}$

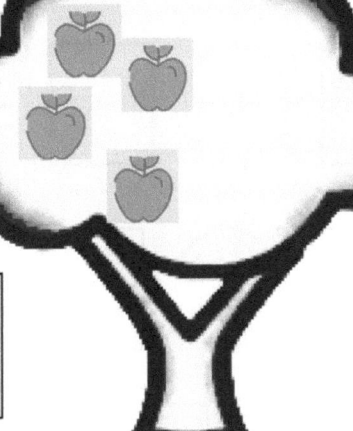

J'ai ajouté ____ pommes à l'arbre.

2. Combien faut-il en ajouter pour obtenir 7 ?

$\boxed{5} \; (+) \; \boxed{} \; = \; \boxed{7}$

3. Combien faut-il en ajouter pour obtenir 8 ?

$\boxed{6} \; (+) \; \boxed{} \; = \; \boxed{8}$

4. Combien faut-il en ajouter pour obtenir 9 ?

$\boxed{7} \; (+) \; \boxed{} \; = \; \boxed{9}$

UNE HISTOIRE D'UNITÉS   Leçon 16 Série de problèmes   1•1

5. Compte pour ajouter. Entoure la stratégie que tu as utilisée pour compter.

a. $4 + \square = 5$

b. $4 + \square = 7$

c. $8 = 5 + \square$

d. $10 = \square + 8$

e. $7 + \square = 8$

f. $\square + 5 = 7$

g. $8 = 6 + \square$

h. $10 = \square + 7$

UNE HISTOIRE D'UNITÉS — Leçon 16 Ticket de sortie — 1•1

Nom _____ Date _____

Résous les phrases numériques. (Entoure) l'outil ou la stratégie que tu as utilisée

a. 5 + ☐ = 7   J'ai compté en utilisant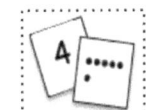

Ou

Je savais simplement

---

b. 6 + ☐ = 9   Je comptais en utilisant

Ou

Je savais juste

Leçon 16 : Compter pour trouver la partie inconnue dans des équations de nombres à ajouter manquantes telles que 6 + __ = 9. Répondre à "Combien de plus pour en faire 6, 7, 8, 9 et 10 ?"

Leçon 17 Problème d'application

Lis

Il y a 10 balançoires sur le terrain de jeu et 7 élèves utilisent les balançoires. Combien de balançoires sont vides ?

Dessine ou écris une phrase numérique pour montrer ta pensée. Utilise une phrase à la fin pour répondre à la question d'aujourd'hui : combien de balançoires sont vides ?

Dessine

Leçon 17 : Comprendre la signification du signe égal en associant des expressions équivalentes et en construisant de vraies phrases numériques.

Écris

_____

_____

_____

Nom _____ Date _____

Écris une expression qui correspond aux groupes sur chaque assiette. Si les assiettes ont la même quantité de fruits, écris le signe égal entre les expressions.

☐ + ☐ ◯ ☐ + ☐
2   3   1   4

1. ☐ + ☐ ◯ ☐ + ☐

2. ☐ + ☐ ◯ ☐ + ☐

3. ☐ + ☐ ◯ ☐ + ☐

4. ☐ + ☐ ◯ ☐ + ☐

Leçon 17 : Comprendre la signification du signe égal en associant des expressions équivalentes et en construisant de vraies phrases numériques.

5. Écris une expression pour correspondre à chaque domino.

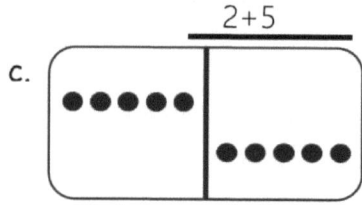
2+5

a. 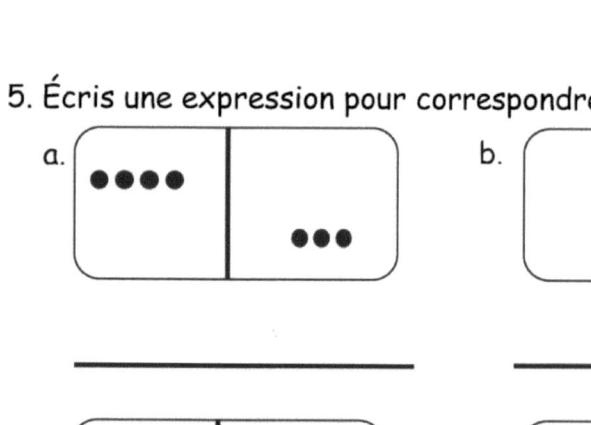 b. 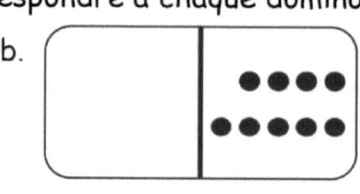 c.

d. 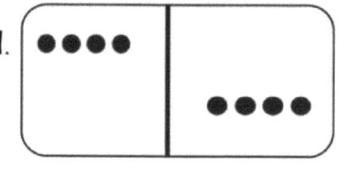 e. 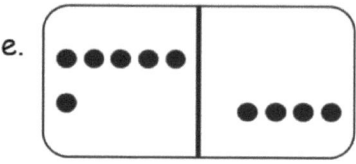 f.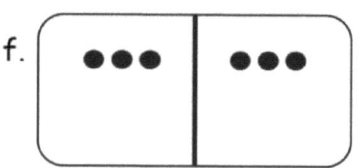

g. Trouve deux paires d'expressions du groupe ci-dessus qui sont égales. Relie-les ci-dessous avec = pour faire de vraies phrases numériques.

6. a. 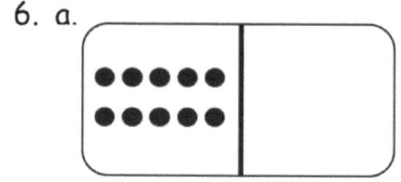 b. 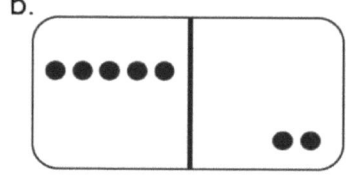 c.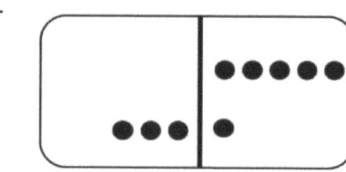

d. 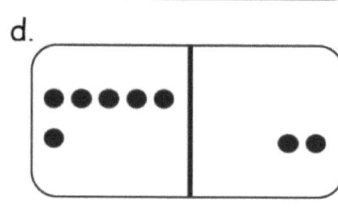 e. 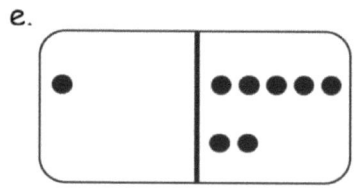 f.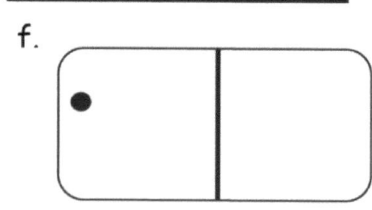

g. Trouve deux ensembles d'expressions de (a) à (f) qui sont égaux. Relie-les ci-dessous avec = pour faire de vraies phrases numériques.

Nom _____ Date _____

1. Utilise des dessins mathématiques pour rendre les images égales. Relie-les ci-dessous avec = pour faire de vraies phrases numériques.

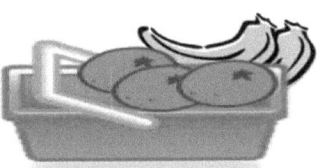 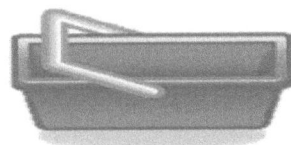

_____ _____

2. Colore les dominos égaux. Écris une vraie phrase numérique.

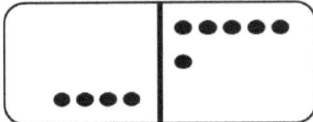 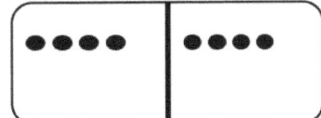 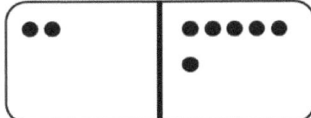

_____ _____

Lis

Dylan a 4 chats et 2 chiens à la maison. Laura a 1 chien et 5 poissons à la maison. Laura dit qu'elle et Dylan ont un nombre égal d'animaux domestiques. Dylan pense qu'il a plus d'animaux que Laura. Qui a raison ? Dessine une image, écris deux liaisons numériques et utilise une phrase numérique pour montrer si Dylan et Laura ont un nombre égal d'animaux domestiques.

Dessine

Leçon 18 : Comprendre la signification du signe égal en associant des expressions équivalentes et en construisant de vraies phrases numériques.

Écris

Nom _____ Date _____

1. Additionner. Colore les ballons qui correspondent au nombre auquel pense le garçon. Trouve les expressions qui sont égales. Relie-les ci-dessous avec = pour faire de vraies phrases numériques.

   a.

   _____

   b.

   _____

2. Ces phrases numériques sont-elles vraies ? ✓ si c'est vrai. ✗ si c'est faux.

Si c'est faux, réécris la phrase numérique pour la rendre vraie.

a. 3 + 1 = 2 + 2 ☐

b. 9 + 1 = 1 + 2 ☐

_____

_____

c. 2 + 3 = 1 + 4 ☐

d. 5 + 1 = 4 + 2 ☐

_____

_____

e. 4 + 3 = 3 + 5 ☐

f. 0 + 10 = 2 + 8 ☐

_____

_____

g. 6 + 3 = 4 + 5 ☐

h. 3 + 7 = 2 + 6 ☐

_____

_____

3. Écris un nombre dans l'expression et résous-la. ✓ si c'est vrai. ✗ si c'est faux.

a. 1 + ___ = 3 + 2 ☐

b. ___ + 4 = 2 + 5 ☐

c. ___ + 5 = 6 + ___ ☐

d. 7 + ___ = 8 + ___ ☐

Nom _____   Date _____

Trouve deux façons de corriger chaque phrase numérique pour la rendre vraie.

a.
| 7 + 3 = 6 + 2 |

7 + 3 = 6 + 4

___ ___

___ ___

b.
| 8 + 1 = 3 + 5 |

___ ___

___ ___

Lis

Dylan a 4 chats et 2 chiens à la maison. Sammy a 1 lapine et 6 lapereaux à la maison.

Dessine une liaison numérique indiquant le nombre total d'animaux de compagnie de chaque maison.

Écris une déclaration pour dire si les deux maisons ont un nombre égal d'animaux domestiques.

Dessine

Écris

Nom _____ Date _____

1. Écris une liaison numérique pour correspondre à l'image. Ensuite, complète les phrases numériques.

    a.

    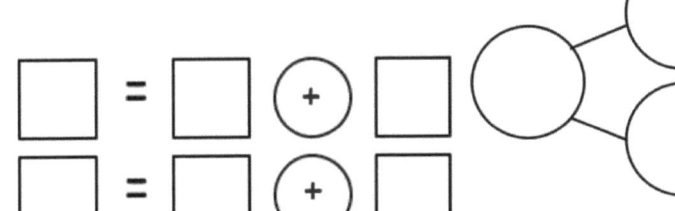

    b.

    c.

    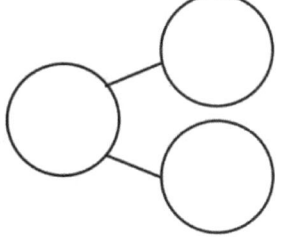

Leçon 19 : Représenter le même scénario d'histoire avec des nombres à ajouter repositionnés (la propriété commutative).

Écris l'expression sous chaque assiette. Ajoute le signe égal pour montrer qu'il s'agit de la même quantité.

2.
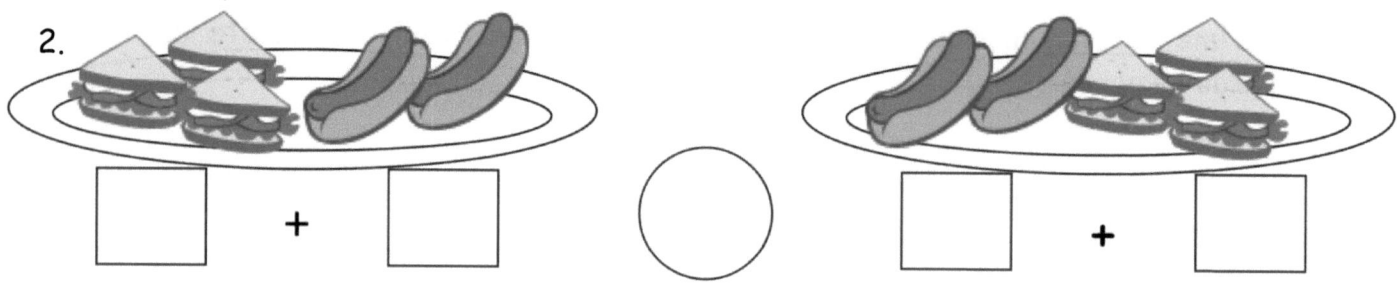

3.
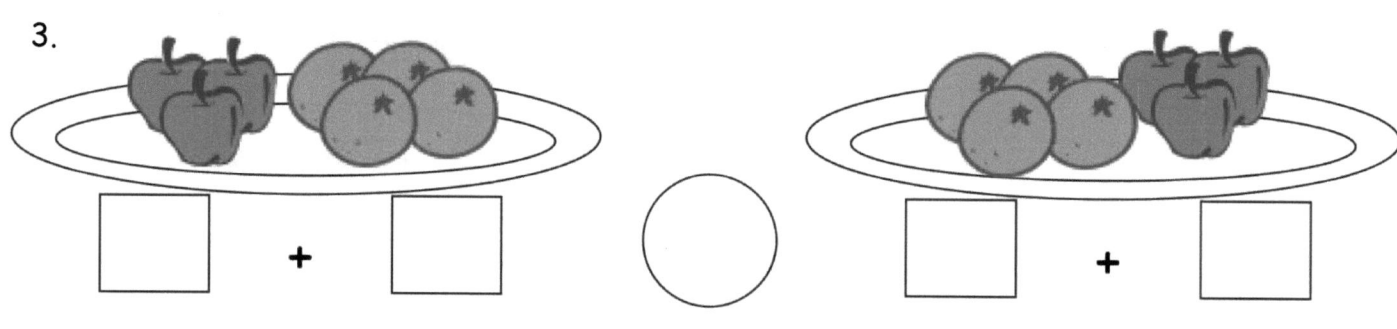

4. Dessine pour montrer l'expression.
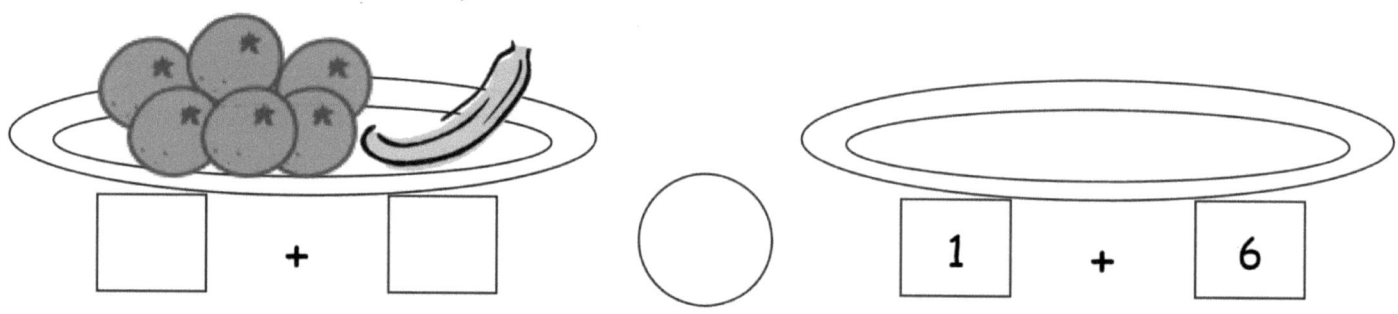

5. Dessine et écris pour montrer 2 expressions qui utilisent les mêmes nombres et ont le même total.
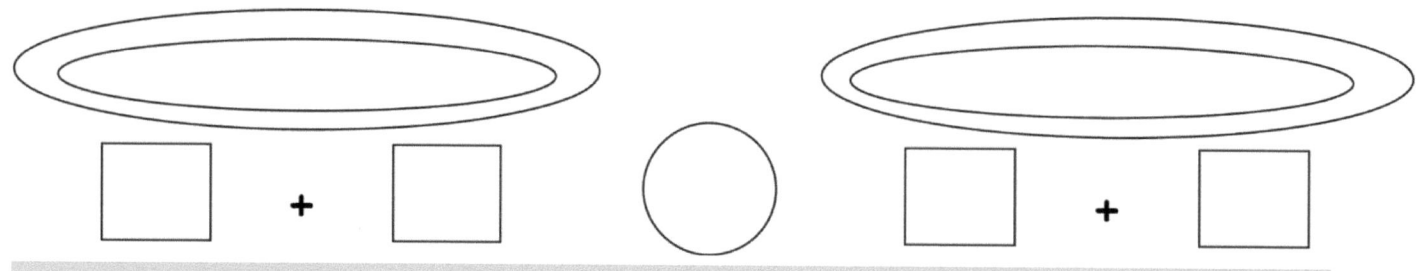

Nom _____ Date _____

Utilise l'image et écris les phrases numériques pour montrer les parties dans un ordre différent.

___ + ___ = ___   ___ = ___ + ___

___ + ___ = ___   ___ = ___ + ___

UNE HISTOIRE D'UNITÉS

Leçon 20 Problème d'application 1•1

Lis

Laura avait 5 poissons. Sa mère lui en a donné 1 de plus. Le frère de Laura, Frank, avait 1 poisson. Leur mère en a donné à Frank 5 de plus. Laura a crié : « Ce n'est pas juste ! Il a plus de poissons que moi ! »

Utilise des liaisons numériques et une phrase numérique pour montrer à Laura la vérité. Si tu le peux, écris une phrase avec des mots qui aideraient Laura à comprendre.

Dessine

Leçon 20 : Appliquer la propriété commutative pour compter à partir d'un plus grand nombre à ajouter.

135

Écris

_____
_____
_____

Nom _____ Date _____

Encercle la plus grande quantité et compte. Écris la phrase numérique, en commençant par la plus grande partie.

1.

$\boxed{} \; + \; \boxed{} \; = \; \boxed{}$

Colore la plus grande partie et complète la liaison numérique.
Écris la phrase numérique, en commençant par la plus grande partie.

2. 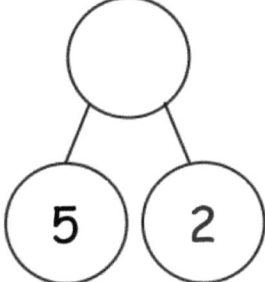 $\boxed{} \; + \; \boxed{} \; = \; \boxed{}$

3. 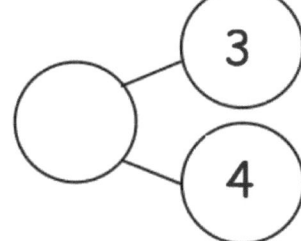 $\boxed{} \; + \; \boxed{} \; = \; \boxed{}$

4. 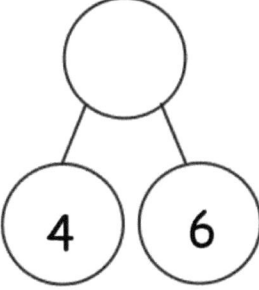 $\boxed{} \; + \; \boxed{} \; = \; \boxed{}$

Leçon 20 : Appliquer la propriété commutative pour compter à partir d'un plus grand nombre à ajouter.

Colore la plus grande partie de la liaison. Compte de cette partie pour trouver le total et remplis la liaison numérique. Complète la première phrase numérique, puis réécris la phrase numérique pour commencer par la plus grande partie.

5.

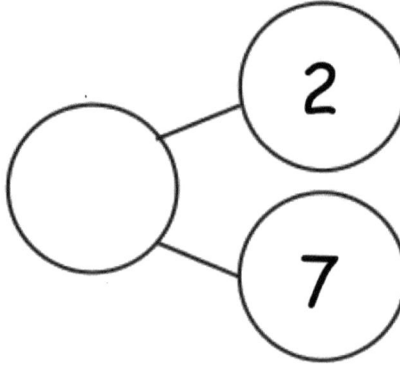

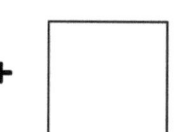 + ☐ = ☐

☐ + ☐ = ☐

6.

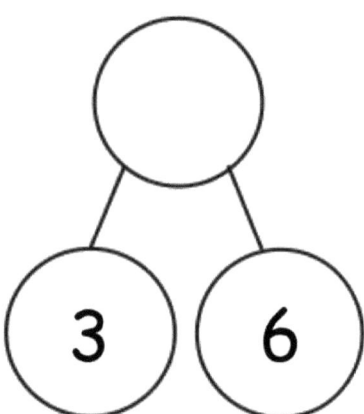

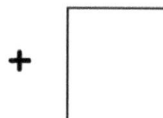 + ☐ = ☐

☐ + ☐ = ☐

Encercle le plus grand nombre et compte pour résoudre.

7. 1 + 5 = _____

8. 2 + 6 = _____

9. 4 + 3 = _____

10. 3 + 6 = _____

Nom _____ Date _____

Encercle la plus grande partie et complète la liaison numérique. Écris la phrase numérique, en commençant par la plus grande partie.

a.
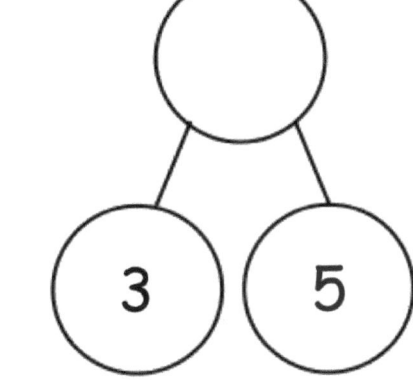

b.
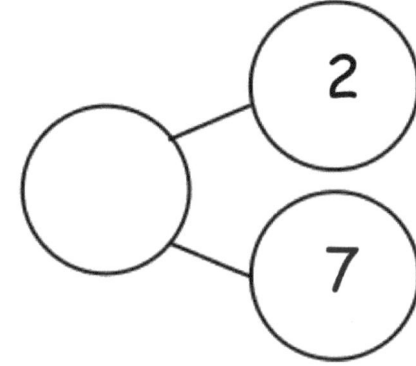

 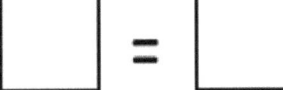   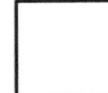 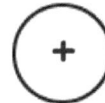  

Lis

Jordan tient un récipient avec 3 crayons. Son professeur lui donne 4 crayons de plus pour le récipient. Combien de crayons y aura-t-il dans le récipient ?

Écris une liaison numérique, une phrase numérique et une déclaration pour montrer la solution.

Dessine

Écris

_____

_____

_____

Nom _____ Date _____

Additionne les nombres sur les paires de cartes. Écris les phrases numériques. Colore les doubles en rouge. Colore les doubles plus 1 en bleu.

1.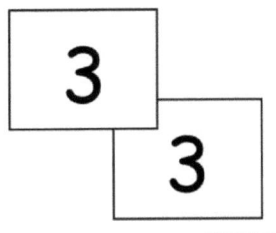
_____

2.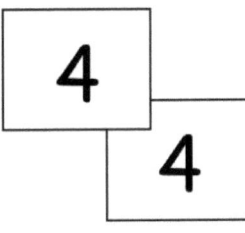
_____

3.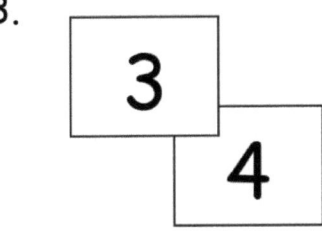
_____

4.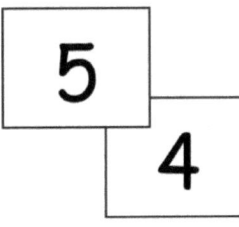
_____

Résoudre. Utilise tes doubles pour t'aider. Dessine et écris le double qui a aidé.

5. 5 + 4 = ☐      _____

6. 4 + 3 = ☐      _____

7. Résous les phrases numériques en double et en double plus 1.

   a. 0 + 0 = ☐   0 + 1 = ☐

   b. 2 + 2 = ☐   2 + 3 = ☐

   c. 3 + 3 = ☐   3 + 4 = ☐

   d. 4 + 4 = ☐   4 + 5 = ☐

   e. 3 + ☐ = 6   3 + ☐ = 7

   f. 5 + ☐ = 10   4 + ☐ = 9

8. Montre comment cette stratégie peut t'aider à résoudre 5 + 6 = ☐

9. Écris un ensemble de 4 faits d'addition connexes pour les phrases numériques du problème 7 (d).

Nom _____ Date _____

Écris la phrase numérique en double et double plus 1 pour chaque carte à 5 groupes.

| ⋮ | 4 | 5 |

_____   _____   _____

_____   _____   _____

Leçon 21 : Visualiser et résoudre les doubles et les doubles plus 1 avec des cartes à 5 groupes.

UNE HISTOIRE D'UNITÉS — Leçon 21   1•1

								1+9
							1+8	2+8
						1+7	2+7	3+7
					1+6	2+6	3+6	4+6
				1+5	2+5	3+5	4+5	5+5
			1+4	2+4	3+4	4+4	5+4	6+4
		1+3	2+3	3+3	4+3	5+3	6+3	7+3
	1+2	2+2	3+2	4+2	5+2	6+2	7+2	8+2
1+1	2+1	3+1	4+1	5+1	6+1	7+1	8+1	9+1
1+0	2+0	3+0	4+0	5+0	6+0	7+0	8+0	9+0	10+0

tableau d'addition

Leçon 21 : Visualiser et résoudre les doubles et les doubles plus 1 avec des cartes à 5 groupes.

Lis

May et Kay sont jumelles. Quoi que May ait, Kay l'a aussi. May a 2 poupées. Combien de poupées May et Kay ont-elles ensemble ? May a 3 animaux en peluche. Combien d'animaux en peluche ont-elles ensemble ?

Écris une liaison numérique, une phrase numérique et une déclaration pour montrer la solution.

Extension : Si toutes les poupées et tous les animaux en peluche étaient réunis pour prendre un thé imaginaire, combien y aurait-il de jouets ? Dessine ou écris pour expliquer ton raisonnement.

UNE HISTOIRE D'UNITÉS — Leçon 22 Problème d'application — 1•1

Dessine

Écris

_____

_____

_____

Leçon 22 : Rechercher et utiliser le raisonnement répété sur le tableau d'addition en résolvant et en analysant les problèmes avec les nombres à ajouter courants.

UNE HISTOIRE D'UNITÉS Leçon 22 Série de problèmes 1•1

Nom _____ Date _____

1. Utilise le ROUGE pour colorer les cases avec 0 comme nombre à ajouter. Trouve le total pour chacun.
2. Utilise l'ORANGE pour colorer les cases avec 1 comme nombre à ajouter. Trouve le total pour chacun.
3. Utilise le JAUNE pour colorer les cases avec 3 comme nombre à ajouter. Trouve le total pour chacun.
4. Utilise le VERT pour colorer les cases avec 3 comme nombre à ajouter. Trouve le total pour chacun.
5. Utilise le BLEU pour colorer les cases qui restent. Trouve le total pour chacun.

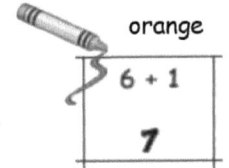

1 + 0	1 + 1	1 + 2	1 + 3	1 + 4	1 + 5	1 + 6	1 + 7	1 + 8	1 + 9
2 + 0	2 + 1	2 + 2	2 + 3	2 + 4	2 + 5	2 + 6	2 + 7	2 + 8	
3 + 0	3 + 1	3 + 2	3 + 3	3 + 4	3 + 5	3 + 6	3 + 7		
4 + 0	4 + 1	4 + 2	4 + 3	4 + 4	4 + 5	4 + 6			
5 + 0	5 + 1	5 + 2	5 + 3	5 + 4	5 + 5				
6 + 0	6 + 1	6 + 2	6 + 3	6 + 4					
7 + 0	7 + 1	7 + 2	7 + 3						
8 + 0	8 + 1	8 + 2							
9 + 0	9 + 1								
10 + 0									

Leçon 22 : Rechercher et utiliser le raisonnement répété sur le tableau d'addition en résolvant et en analysant les problèmes avec les nombres à ajouter courants.

Copyright © Great Minds PBC

Nom _____   Date _____

Certains des nombres à ajouter de ce tableau sont manquants ! Écris les chiffres qui manquent.

1 + 0	1 + 1	1 + 2	1 + 3	1 + 4	1 + 5	1 + 6	1 + 7	1 + 8	1 + 9
2 + 0	2 + 1	2 + 2	2 + __	2 + 4	2 + 5	2 + 6	2 + 7	2 + 8	
3 + 0	3 + 1	3 + 2	3 + __	3 + 4	3 + 5	3 + 6	3 + 7		
4 + 0	4 + __	4 + 2	4 + 3	__ + 4	__ + 5	__ + 6			
5 + 0	5 + __	5 + 2	5 + 3	5 + 4	5 + 5				
6 + 0	6 + __	6 + 2	6 + 3	6 + 4					
7 + __	7 + 1	7 + 2	7 + 3						
8 + __	8 + 1	8 + 2							
9 + __	9 + 1								
10 + 0									

Leçon 22 : Rechercher et utiliser le raisonnement répété sur le tableau d'addition en résolvant et en analysant les problèmes avec les nombres à ajouter courants.

Lis

John a 3 autocollants. Mark a 4 autocollants. Anna a 5 autocollants. Ils obtiennent chacun deux autres autocollants. Combien en ont-ils maintenant chacun ?

Écris une liaison numérique et une phrase numérique pour chaque élève.

Extension : combien d'autocollants John, Mark et Anna ont-ils ensemble ?

Dessine

Écris

Nom _____ Date _____

Utilise ton tableau pour écrire une liste de phrases numériques dans les espaces ci-dessous.

Totaux de 10	Totaux de 9	Totaux de 8	Totaux de 7

Nom _____ Date _____

1. Entoure toutes les cases qui totalisent 10.
2. Trace un X dans toutes les cases qui totalisent 8.

1 + 0	1 + 1	1 + 2	1 + 3	1 + 4	1 + 5	1 + 6	1 + 7	1 + 8	1 + 9
2 + 0	2 + 1	2 + 2	2 + 3	2 + 4	2 + 5	2 + 6	2 + 7	2 + 8	
3 + 0	3 + 1	3 + 2	3 + 3	3 + 4	3 + 5	3 + 6	3 + 7		
4 + 0	4 + 1	4 + 2	4 + 3	4 + 4	4 + 5	4 + 6			
5 + 0	5 + 1	5 + 2	5 + 3	5 + 4	5 + 5				
6 + 0	6 + 1	6 + 2	6 + 3	6 + 4					
7 + 0	7 + 1	7 + 2	7 + 3						
8 + 0	8 + 1	8 + 2							
9 + 0	9 + 1								
10 + 0									

Leçon 23 : Rechercher et utiliser la structure du tableau d'addition en recherchant et en colorant les problèmes avec le même total.

Leçon 23 Modèle

								1+9
							1+8	2+8
						1+7	2+7	3+7
					1+6	2+6	3+6	4+6
				1+5	2+5	3+5	4+5	5+5
			1+4	2+4	3+4	4+4	5+4	6+4
		1+3	2+3	3+3	4+3	5+3	6+3	7+3
	1+2	2+2	3+2	4+2	5+2	6+2	7+2	8+2
1+1	2+1	3+1	4+1	5+1	6+1	7+1	8+1	9+1
1+0	2+0	3+0	4+0	5+0	6+0	7+0	8+0	9+0	10+0

tableau d'addition ; de la Leçon 21

Leçon 23 : Rechercher et utiliser la structure du tableau d'addition en recherchant et en colorant les problèmes avec le même total.

Lis

Le professeur a dit à Henry d'obtenir 8 cubes de liaison. Henry a pris 4 cubes bleus et 3 cubes rouges. Henry a-t-il la quantité correcte de cubes de liaison ? Utilise des images ou des mots pour expliquer ta pensée.

Dessine

Écris

Nom _____ Date _____

Échelles de faits connexes

1.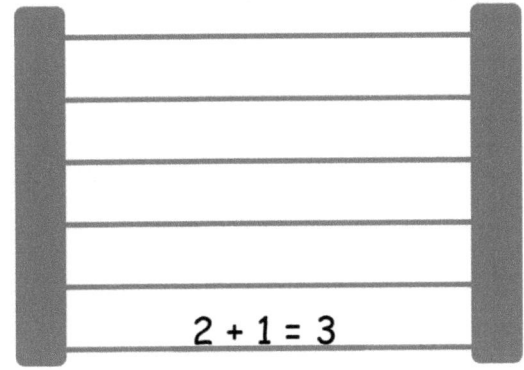
   $2 + 1 = 3$

2.
   $4 + 1 = 5$

3.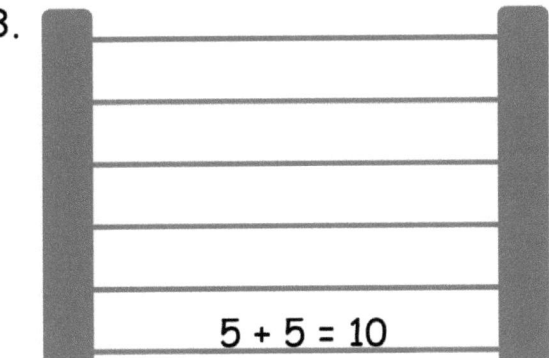
   $5 + 5 = 10$

4.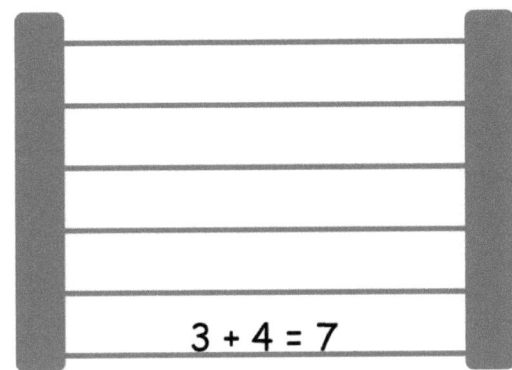
   $3 + 4 = 7$

5.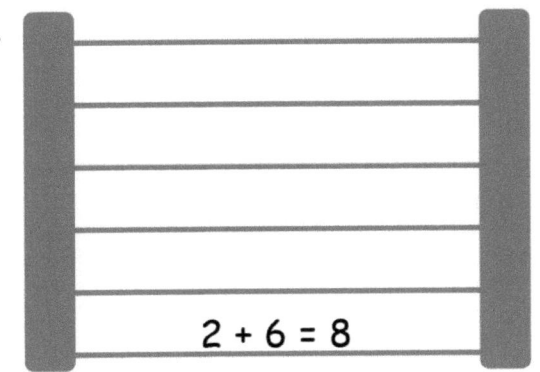
   $2 + 6 = 8$

6.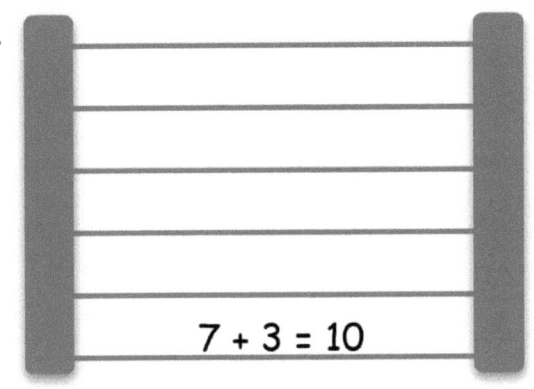
   $7 + 3 = 10$

UNE HISTOIRE D'UNITÉS Leçon 24 Ticket de sortie 1•1

Nom _____ Date _____

Résous les phrases numériques. Utilise la clé pour colorier. Une fois la boîte coloriée, tu n'as plus besoin de la colorier.

| a. 5 + 2 = ____ | b. 7 + 2 = ____ | c. 2 + 3 = ____ |

| d. 3 + 3 = ____ | e. 7 = 1 + ____ | f. 2 = 1 + ____ |

| g. ____ = 4 + 4 | h. 8 + 2 = ____ | i. 3 + 4 = ____ |

| j. ____ = 5 + 4 | k. 10 = 1 + ____ | l. 10 = 5 + ____ |

Colorie les doubles en rouge.

Colorie les +1 en bleu.

Colorie les +2 en vert.

Colorie les doubles +1 en marron.

Challenge :

Énumère les phrases numériques qui peuvent être colorées de plus d'une façon.

Lis

Taylor et sa sœur Reilly ont chacune emprunté 4 livres de la bibliothèque. Puis, Reilly est retournée et a emprunté un livre de plus. Combien de livres Taylor et Reilly ont-elles ensemble ?

Dessine et étiquette une liaison numérique pour montrer la partie des livres que Taylor a empruntée et la partie que Reilly a empruntée. Écris une déclaration pour partager ta réponse.

Dessine

Écris

Nom _____ Date _____

Divise le total en parties. Écris une liaison numérique et des phrases numériques d'addition et de soustraction pour correspondre à l'histoire.

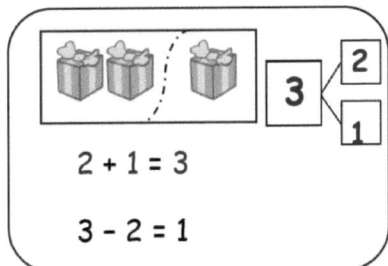

1. Rachel et Lucy jouent avec 5 camions. Si Rachel joue avec 2 d'entre eux, avec combien Lucy joue-t-elle ?

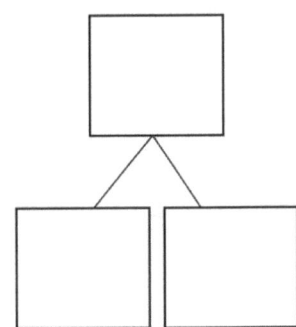

Lucy joue avec _____ camions.

2. Jane a attrapé 9 poissons. Elle a attrapé 7 poissons avant de déjeuner. Combien de poissons a-t-elle attrapés après le déjeuner ?

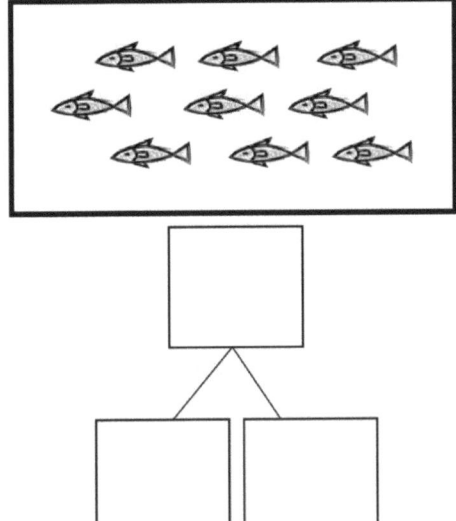

Jane a attrapé ____ poissons après le déjeuner.

3. Papa a acheté 6 polos. Le lendemain, il en a rendu certains. Maintenant, il a 2 polos. Combien de polos papa a-t-il rendus ?

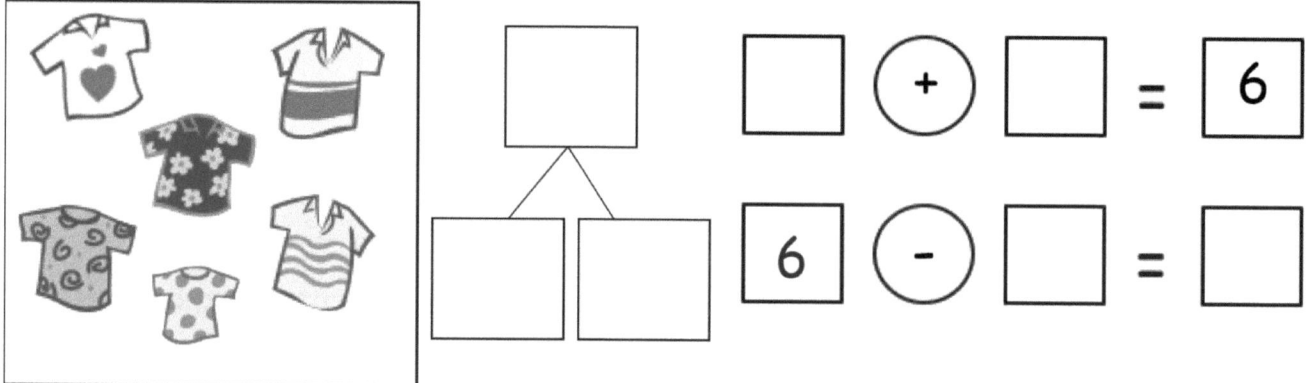

Papa a rendu _____ polos.

4. John avait 3 fraises. Ensuite, son ami lui a donné plus de fruits. Maintenant, John a 7 fruits. Combien de fruits l'ami de John lui a-t-il donnés ?

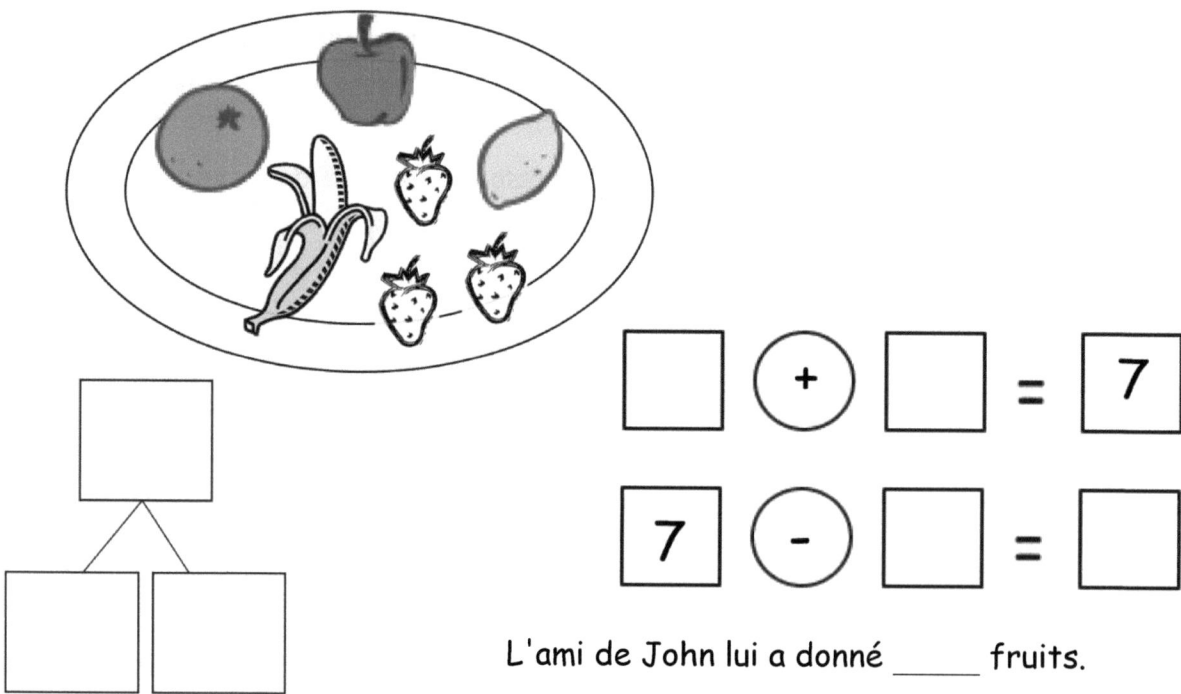

L'ami de John lui a donné _____ fruits.

Nom _____   Date _____

Résous l'histoire mathématique. Remplis la liaison numérique et les phrases numériques. Colore le nombre inconnu en jaune.

Rich a acheté 6 canettes de soda lundi.
Il en a acheté plus mardi.
Maintenant, il a 9 canettes de soda.
Combien de canettes Rich a-t-il achetées mardi ?

Rich a acheté _____ canettes.

☐ + ☐ = ☐

☐ - ☐ = ☐

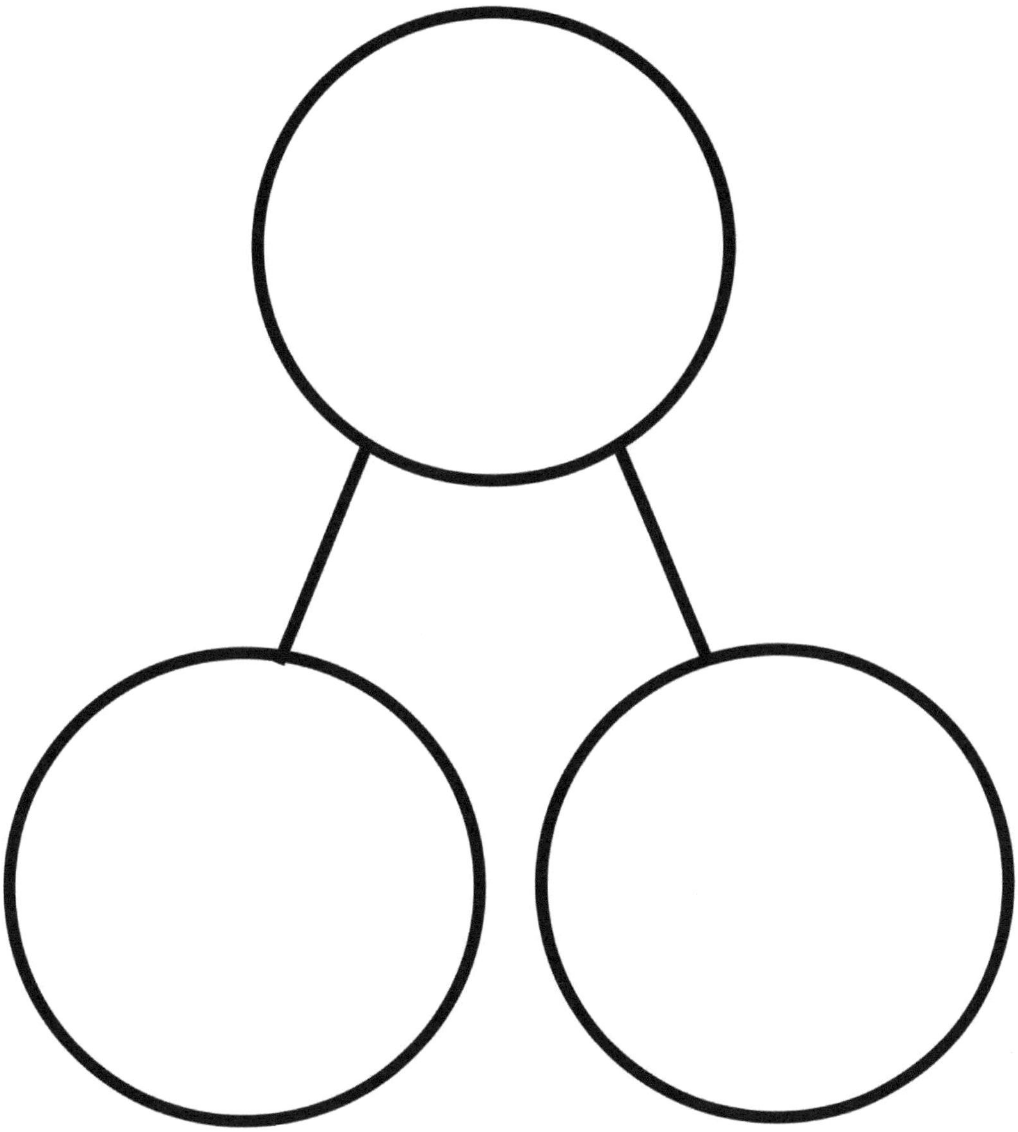

UNE HISTOIRE D'UNITÉS — Leçon 25 Modèle 1•1

liaison numérique et phrases numériques

Leçon 25 : Résoudre les histoires mathématiques d'ajout avec un changement inconnu et les relier à la soustraction. Modéliser avec des matières et écrire des phrases numériques correspondantes.

Copyright © Great Minds PBC

Lis

Il y avait 5 étudiants à la cafétéria. D'autres étudiants sont arrivés tard. Maintenant, il y a 7 étudiants dans la cafétéria. Combien d'étudiants sont arrivés tard ?

Écris une liaison numérique pour correspondre à l'histoire. Écris une phrase d'addition et une phrase de soustraction pour montrer deux façons de résoudre le problème. Trace un rectangle autour du nombre inconnu que tu as trouvé.

Dessine

Écris

_____

_____

_____

Leçon 26 : Compte en utilisant le chemin numérique pour trouver une partie inconnue.

Nom _____   Date _____

Utilise le chemin numérique pour résoudre.

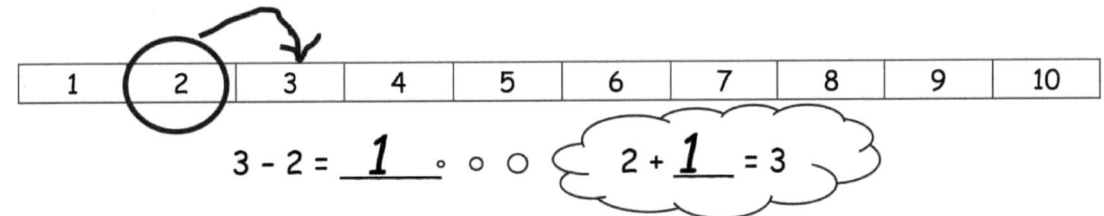

3 − 2 = __1__   ○ ○ ○   2 + __1__ = 3

1.

| 1 | 2 | 3 | 4 | 5 | 6 | 7 | 8 | 9 | 10 |

6 − 4 = _____ ○○○   4 + _____ = 6

2.

| 1 | 2 | 3 | 4 | 5 | 6 | 7 | 8 | 9 | 10 |

8 − 5 = _____ ○○○   5 + _____ = 8

3.

| 1 | 2 | 3 | 4 | 5 | 6 | 7 | 8 | 9 | 10 |

9 − 6 = _____ ○○○   6 + _____ = 9

4.

| 1 | 2 | 3 | 4 | 5 | 6 | 7 | 8 | 9 | 10 |

9 − 3 = _____ ○○○   3 + _____ = 9

Leçon 26 :   Compte en utilisant le chemin numérique pour trouver une partie inconnue.

UNE HISTOIRE D'UNITÉS Leçon 26 Série de problèmes 1•1

Utilise le chemin numérique pour t'aider à résoudre.

| 1 | 2 | 3 | 4 | 5 | 6 | 7 | 8 | 9 | 10 |

5. 5 - 4 = _____   4 + _____ = 5

6. 5 - 1 = _____   1 + _____ = 5

7. 7 - 5 = _____   5 + _____ = 7

8. 10 - 6 = _____   6 + _____ = 10

9. 9 - 3 = _____   3 + _____ = 9

Nom _____   Date _____

Utilise le chemin numérique pour résoudre. Écris la phrase d'addition que tu as utilisée pour t'aider à résoudre.

a. 7 – 5 = ____   _____

b. 9 – 2 = ____   _____

c. ____ = 10 – 3   _____

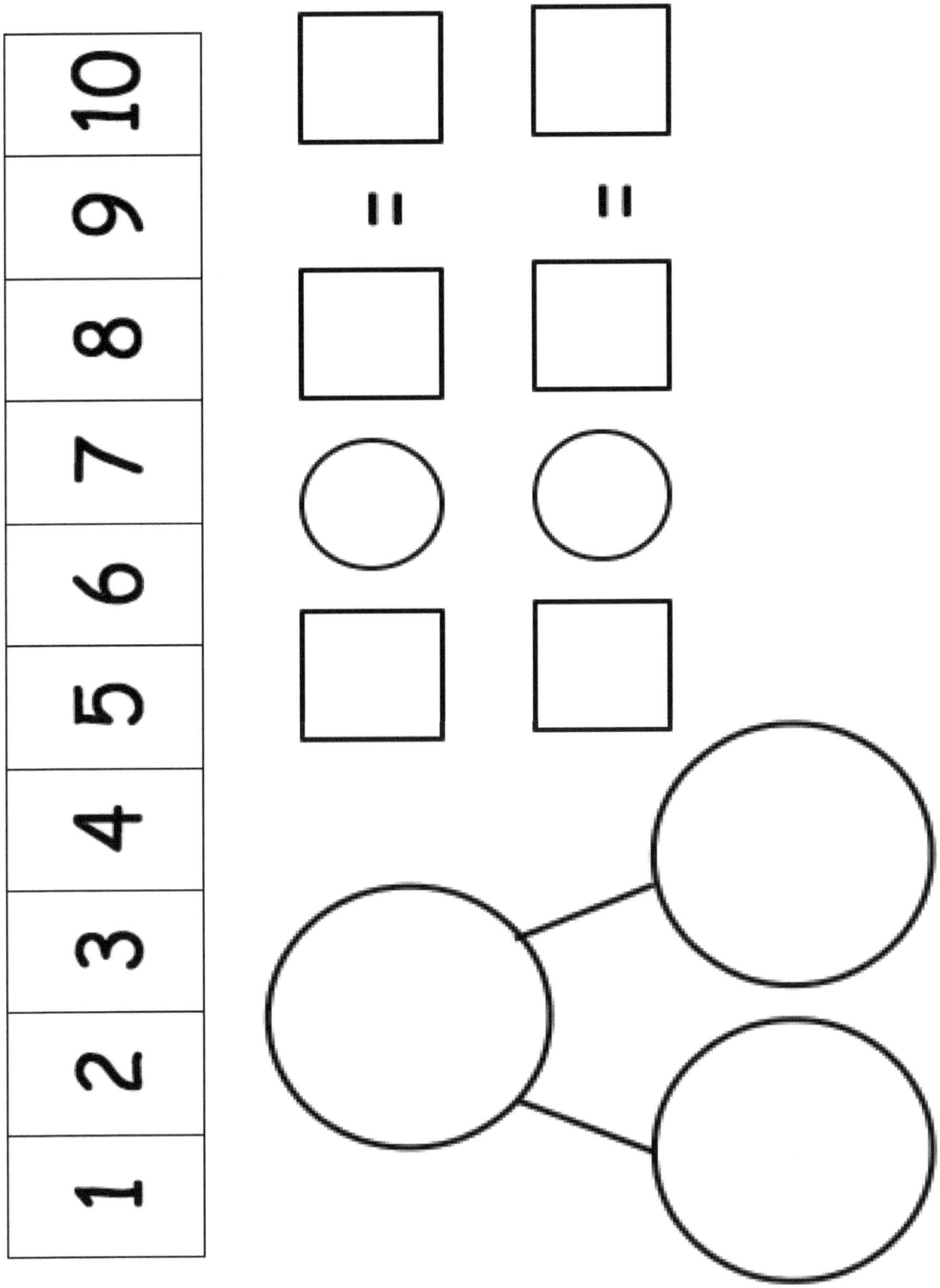

chemin numérique

Lis

Marcus a 9 fraises. Six d'entre elles sont petites; les autres sont grandes. Combien de fraises sont grandes ?

Remplis le modèle. Encercle le chiffre mystère ou inconnu dans les phrases numériques et écris une déclaration pour répondre à la question.

Dessine

| 1 | 2 | 3 | 4 | 5 | 6 | 7 | 8 | 9 | 10 |

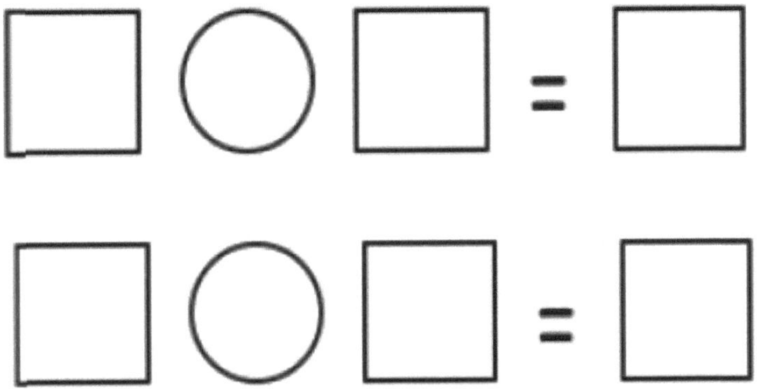

☐ ◯ ☐ = ☐

☐ ◯ ☐ = ☐

Écris

_____

_____

_____

Nom _____ Date _____

| 1 | 2 | 3 | 4 | 5 | 6 | 7 | 8 | 9 | 10 |

Réécris la phrase numérique de soustraction en tant que phrase numérique d'addition. Place un ☐ autour de l'inconnu. Utilise le chemin numérique si tu le souhaites.

1. 4 − 3 = ☐   _____ + _____ = _____

2. 6 − 2 = ☐   _____ + _____ = _____

3. 7 − 3 = ☐   _____ + _____ = _____

4. 9 − 6 = ☐   _____

5. 10 − 2 = ☐   _____

Utilise le chemin numérique pour compter.

6. 8 − 4 = _____   4 + _____ = 8

7. 9 − 5 = _____   5 + _____ = 9

| 1 | 2 | 3 | 4 | 5 | 6 | 7 | 8 | 9 | 10 |

Reviens sur le chemin numérique pour compter à rebours.

8. 10 - 1 = _____

9. 9 - 2 = _____

10. Choisis la meilleure façon de résoudre le problème. Coche la case.

Compter normalement   Compter à rebours

a. 10 - 9 = _____

b. 9 - 1 = _____

c. 8 - 5 = _____

d. 8 - 6 = _____

e. 7 - 4 = _____

f. 6 - 3 = _____

Nom _____ Date _____

Pour résoudre 7 - 6, Ben pense que tu dois compter à rebours et Pat pense que tu dois compter normalement. Quelle est la meilleure façon de résoudre cette expression ? Fais un dessin mathématique simple pour montrer pourquoi.

$$7 - 6 = \underline{\qquad}$$

Leçon 27 : Compte en utilisant le chemin numérique pour trouver une partie inconnue.

Lis

Huit canards nagent dans l'étang. Quatre canards s'envolent. Combien de canards nagent encore dans l'étang ?

Écris une liaison numérique, une phrase numérique et une déclaration. Trace un chemin numérique pour prouver votre réponse.

Dessine

Écris

_____

_____
_____

Nom _____ Date _____

Lis l'histoire. Trace une ligne horizontale à travers les éléments qui quittent l'histoire.

Ensuite, complète la liaison numérique, la phrase et la déclaration.

1. Il y a 5 avions jouets volant dans le parc.
   L'un est descendu et s'est cassé.
   Combien d'avions volent encore ?

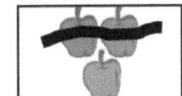
Exemple : 3 − 2 = 1

5 − 1 = _____

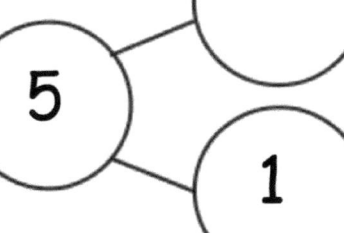

Il y a _____ avions qui volent encore.

2. J'ai eu 6 œufs du marché.
   Trois d'entre eux étaient fêlés.
   Combien d'œufs ai-je eu qui n'étaient pas fêlés ?

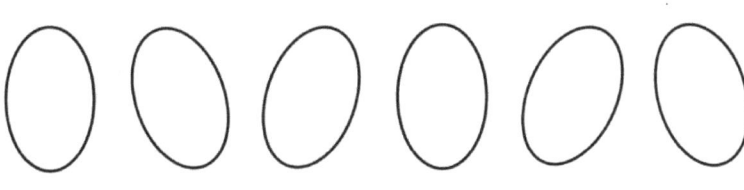

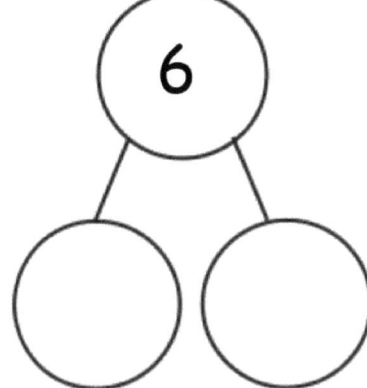

6 − ___ = _____

____ œufs n'étaient pas fêlés.

Dessine une liaison numérique et un dessin mathématique pour t'aider à résoudre les problèmes.

3. Kate a vu 8 chats jouer dans l'herbe.
   Trois sont partis pour chasser une souris.
   Combien de chats y a-t-il dans l'herbe ?

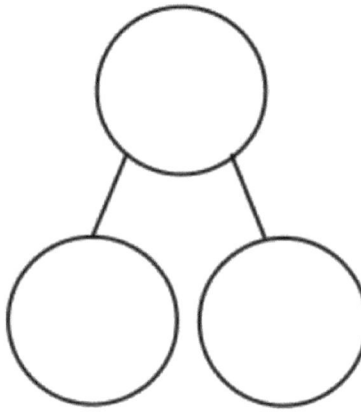

_____ - _____ = _____

_____ chats sont restés dans l'herbe.

4. Il y avait 7 tranches de mangue.
   Deux d'entre elles ont été mangées.
   Combien de tranches de mangue restent à manger ?

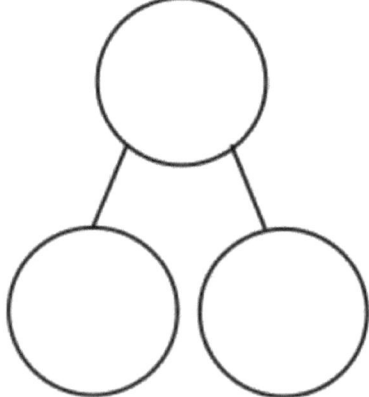

_____ - _____ = _____

Ils restent _____ tranches de mangue.

Leçon 28 Ticket de sortie 1•1

Nom _____   Date _____

Lis le problème. Fais un dessin mathématique pour résoudre.

Il y avait 9 cerfs-volants volant dans le parc. Trois cerfs-volants se sont attrapés dans les arbres. Combien de cerfs-volants volaient encore ?

___ - ___ = ___

___ cerfs-volants volaient toujours.

Lis

Lucas a 9 crayons pour l'école. Il en prête 4 à ses amis. Combien de crayons reste-t-il à Lucas ?

Encadre la solution dans ta phrase numérique et inclue une déclaration pour répondre à la question. Assure-toi de dessiner tes formes simples en ligne droite.

Dessine

| UNE HISTOIRE D'UNITÉS | Leçon 29 Problème d'application | 1•1 |

Écris

_____

_____

_____

Leçon 29 : Résoudre des histoires mathématiques de décomposition avec un nombre à ajouter inconnu en dessinant, en utilisant des équations et des déclarations et en encerclant la partie connue pour trouver l'inconnue.

Nom _____   Date _____

Complète et résous l'histoire. Étiquette la liaison numérique.
Colore la partie manquante dans la phrase numérique et la liaison numérique.

1. Il y a _____ pommes.

   _____ ont des vers. Beurk !

   Combien de bonnes pommes y a-t-il ?

   6 - ☐ = ☐

   Il y a _____ bonnes pommes.

2. _____ livres sont dans ce cas.

   _____ livres sont sur l'étagère du haut.

   Combien de livres sont sur l'étagère du bas ?

   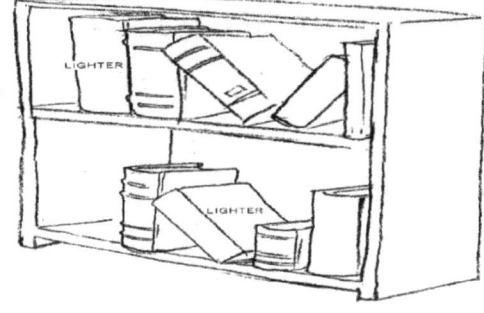

   9 - ☐ = ☐

   _____ livres sont sur l'étagère du bas.

Utilise des liaisons de nombres et des dessins mathématiques en ligne pour résoudre.

3. Il y a 8 animaux à l'étang.
   Deux sont grands. Les autres sont petits.
   Combien sont petits ?

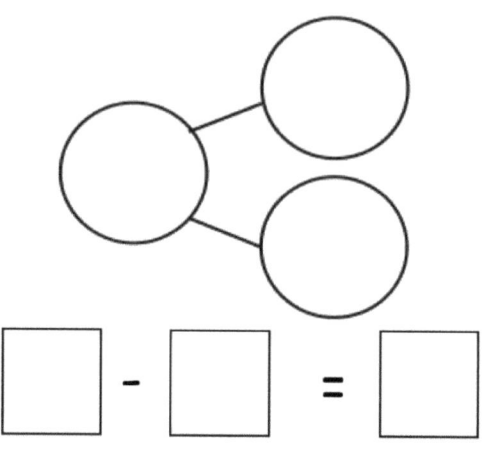

_____ animaux sont petits.

---

4. Il y a 7 élèves dans la classe.
   _____ élèves sont des filles.
   Combien d'élèves sont des garçons ?

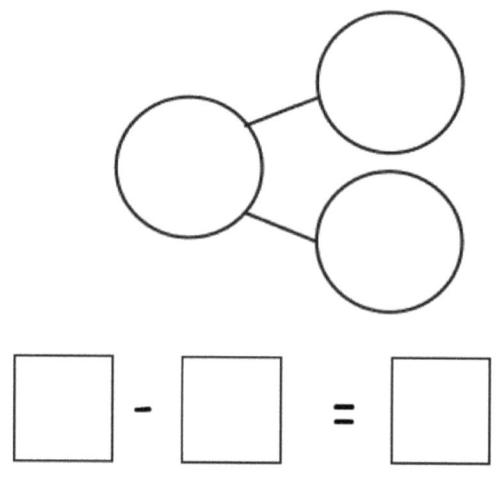

_____ élèves sont des garçons.

Nom _____ Date _____

Lis l'histoire. Fais un dessin mathématique pour résoudre.

Il y a 9 joueurs de baseball dans l'équipe. Sept sont sur le banc. Combien ne sont pas sur le banc ?

___ - ___ = ___

_____ de joueurs ne sont pas sur le banc.

Lis

Freddie a 10 figurines d'action dans sa poche. Cinq d'entre elles sont de bons gars.

Combien de ses figurines sont des méchantes ?

Encadre la solution dans ta phrase numérique et inclue une déclaration pour répondre à la question. Fais un dessin mathématique. Entoure la partie des bons gars pour montrer que tu as le bon nombre de méchants.

Dessine

Écris

_____

_____

_____

Nom _____ Date _____

Résous les histoires mathématiques. Remplis et étiquette la liaison numérique et la liaison numérique visuelle. Ombre légèrement la solution.

1. Jill a reçu un total de 5 fleurs pour son anniversaire. Elle en a mis 3 dans un vase et le reste dans un autre vase. Combien de fleurs a-t-elle mises dans l'autre vase ?

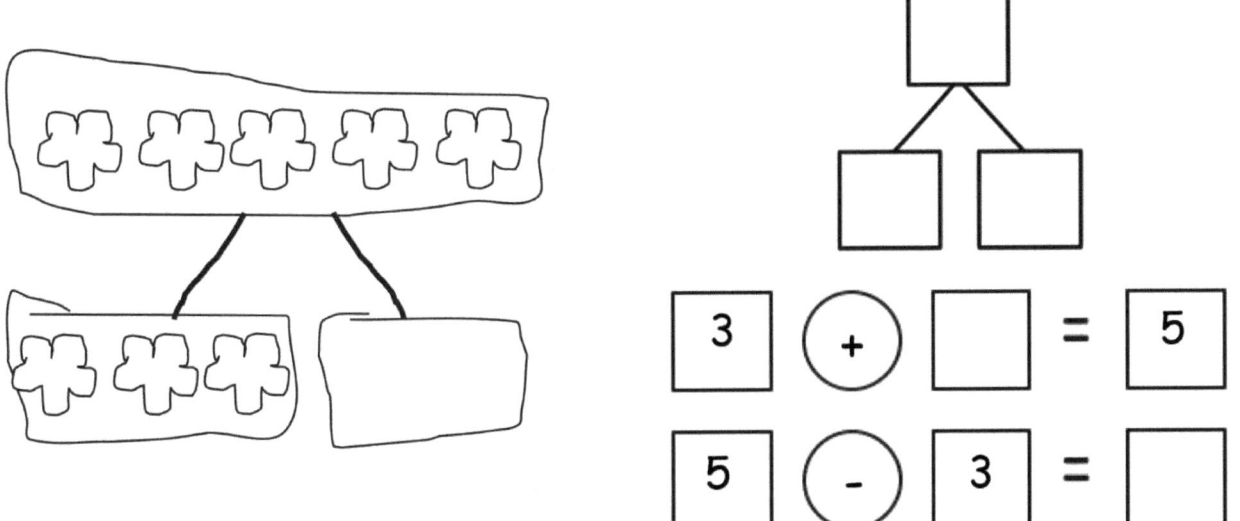

2. Kate et Nana préparaient des biscuits. Elles ont fait 5 biscuits en forme de cœur, puis ont fait des biscuits carrés. Elles ont fait 8 biscuits en tout. Combien de biscuits carrés ont-elles faits ? Dessine et trouve la solution.

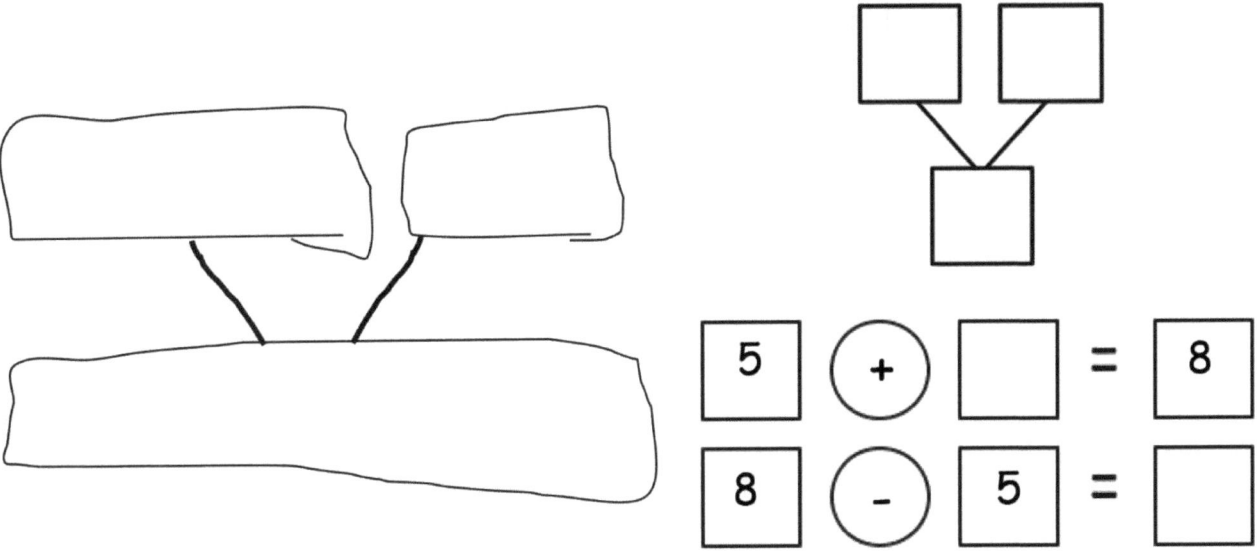

UNE HISTOIRE D'UNITÉS

Leçon 30 Série de problèmes 1•1

Résous. Remplis et étiquette la liaison numérique et la liaison numérique visuelle. Encercle le nombre inconnu.

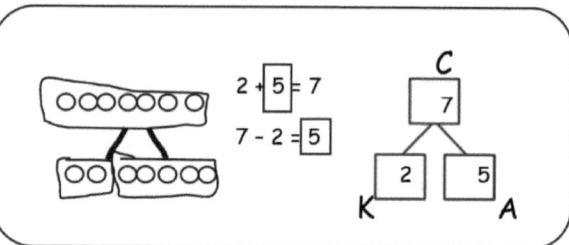

3. Bill a 2 camions. Son ami James est venu avec un peu plus.
   Ensemble, ils ont 6 camions.
   Combien de camions James a-t-il amenés ?

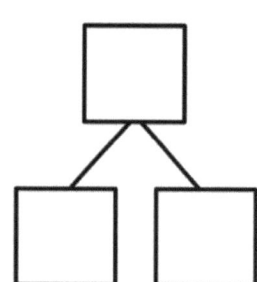

___ + ___ = 6

6 - ___ = ___

James a amené ___ camions.

---

4. Jane a attrapé 5 poissons avant de s'arrêter pour déjeuner.
   Après le déjeuner, elle en a attrapé un peu plus.
   À la fin de la journée, elle avait 9 poissons.
   Combien de poissons a-t-elle attrapés après le déjeuner ?

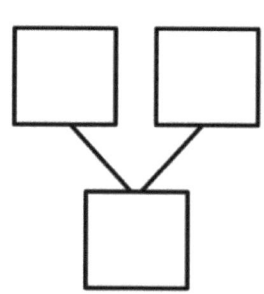

___ + ___ = 9

9 - ___ = ___

Jane a attrapé ___ poissons après le déjeuner.

Leçon 30 : Résoudre les histoire mathématiques d'ajout avec un changement inconnu en dessinant et en associant l'addition et la soustraction.

Nom _____ Date _____

Dessine et étiquette une liaison de numéro d'image à résoudre.

Toby ramasse des coquillages. Lundi, il trouve 6 coquillages. Mardi, il en trouve d'autres. Toby trouve un total de 9 coquillages. Combien de coquillages Toby trouve-t-il mardi ?

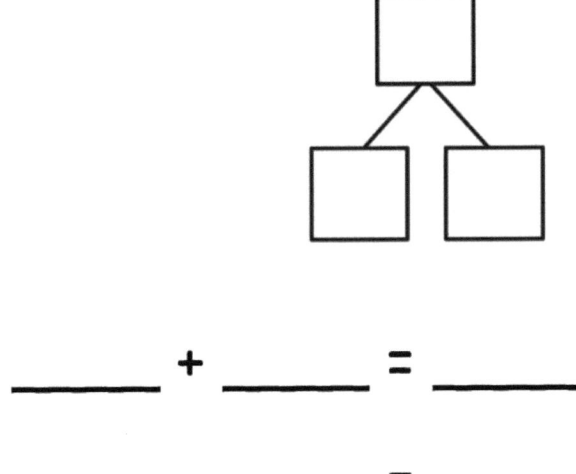

___ + ___ = ___

___ - ___ = ___

Toby trouve _____ coquillages mardi.

Lis

Shanika a vu 5 pigeons sur le toit. D'autres pigeons se sont envolés sur le toit. Elle a ensuite compté 8 pigeons. Combien de pigeons se sont envolés ?

Écris une liaison numérique et des phrases numériques d'addition et de soustraction pour correspondre à l'histoire. Encadre la solution dans ta phrase numérique et inclue une déclaration pour répondre à la question.

Dessine

Écris

UNE HISTOIRE D'UNITÉS Leçon 32 Série de problèmes 1•1

Nom _____ Date _____

Fais un dessin mathématique et encercle la partie que tu connais. Raye la partie inconnue.

Remplis la phrase numérique et la liaison numérique.

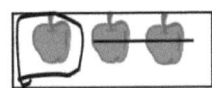
Exemple : 3 − 1 = 2

1. Kate a fait 7 biscuits. Bill en a mangé. Maintenant, Kate a 5 biscuits. Combien de biscuits Bill a-t-il mangés ?

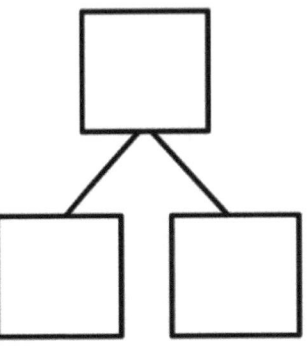

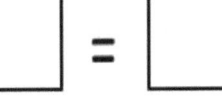

Bill a mangé _____ biscuits.

2. Lundi, Tim avait 8 crayons. Mardi, il en a perdu certains. Mercredi, il a 4 crayons. Combien de crayons Tim a-t-il perdus ?

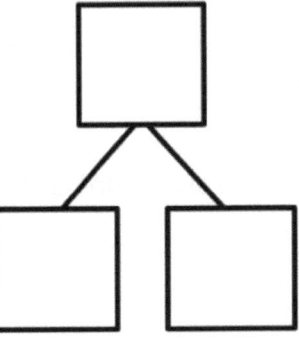

Tim a perdu _____ crayons.

Leçon 32 : Résoudre les histoires mathématiques de soustraction avec un changement inconnu à l'aide de dessins.

3. Un magasin avait 6 chemises au portant. Maintenant, il y a 2 chemises au portant. Combien de chemises ont été vendues ?

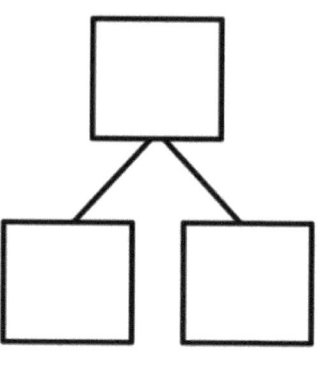

_____ chemises ont été vendues.

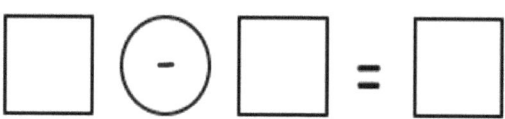

---

4. Il y avait 9 enfants dans le parc. Certains enfants sont allés à l'intérieur. Cinq enfants sont restés. Combien d'enfants sont entrés à l'intérieur ?

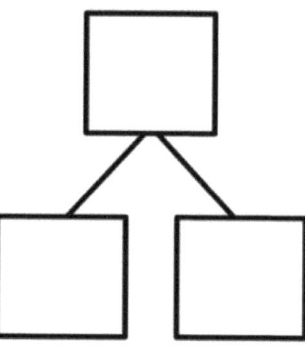

_____ enfants sont entrés à l'intérieur.

Nom _____ Date _____

Fais un dessin mathématique et encercle la partie que tu connais. Raye la partie inconnue. Remplis la phrase numérique et la liaison numérique.

Deb gonfle 9 ballons. Certains ballons ont éclaté. Il reste trois ballons. Combien de ballons ont éclaté ?

_____ ballons ont éclaté.

Leçon 31 : Résoudre les histoires mathématiques de soustraction avec un changement inconnu à l'aide de dessins.

Lis

Il y a 8 boîtes de jus dans les casiers. Certains enfants boivent leur jus. Maintenant, il n'y a que 5 boîtes de jus. Combien de boîtes de jus ont été prises dans les casiers ?

Fais une liaison numérique. Écris une phrase de soustraction et une déclaration qui correspondent à l'histoire. Mets un cadre autour de la solution dans la phrase numérique. Fais un dessin mathématique pour montrer comment tu le sais.

UNE HISTOIRE D'UNITÉS — Leçon 32 Problème d'application 1•1

Dessine

Écris

Leçon 32 : Résoudre les histoires mathématiques de mise ensemble et de décomposition avec un nombre à ajouter inconnu.

Nom _____ Date _____

Résous. Utilise des dessins mathématiques simples pour montrer comment résoudre l'addition et la soustraction. Étiquette la liaison numérique.

1.

Il y a 5 pommes.

Quatre appartiennent à Sam.

Le reste appartiennent à Jim.

Combien de pommes Jim a-t-il ?

Jim a _____ pommes.

☐ + ☐ = 5

5 - ☐ = ☐

2.

Il y a 8 champignons. Cinq sont noirs. Les autres sont blancs. Combien de champignons sont blancs ?

_____ champignons sont blancs.

☐ + ☐ = 8

8 - ☐ = ☐

Leçon 32 : Résoudre les histoires mathématiques de mise ensemble et de décomposition avec un nombre à ajouter inconnu.

Utilise la liaison numérique pour compléter les phrases numériques. Utilise des dessins mathématiques simples pour raconter les histoires mathématiques.

3.

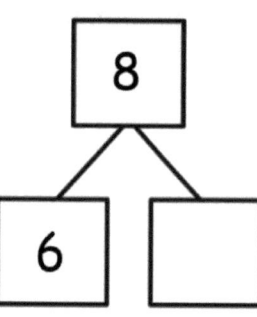

___ + ___ = 8

8 - ___ = ___

4.

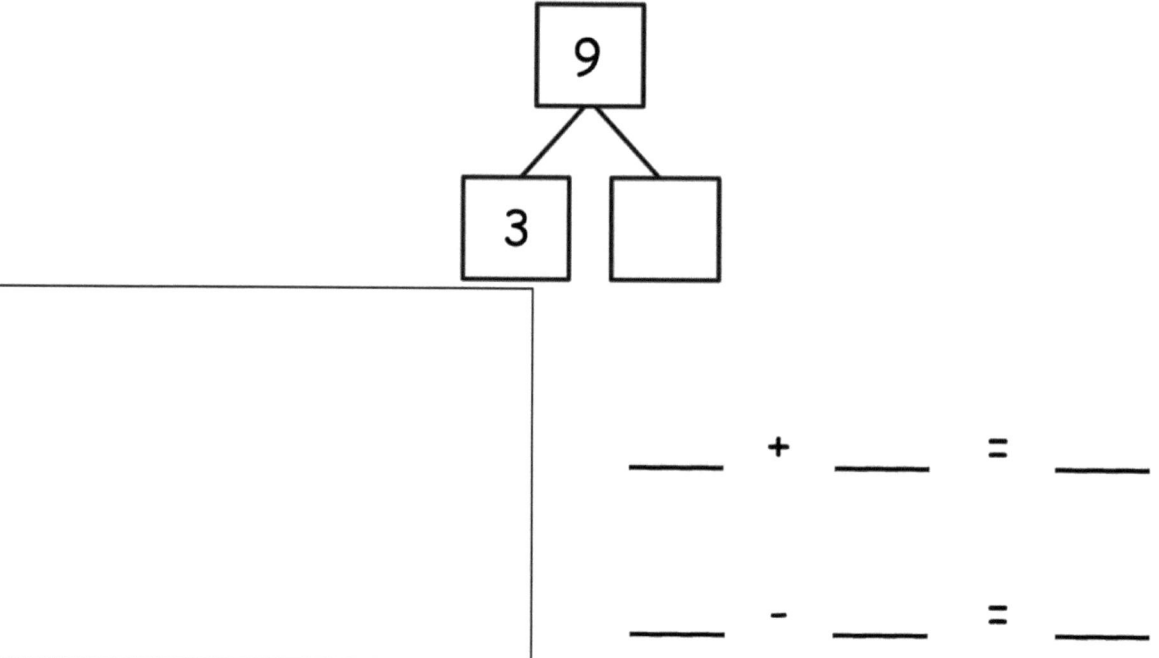

___ + ___ = ___

___ - ___ = ___

UNE HISTOIRE D'UNITÉS　　　　　Leçon 32 Ticket de sortie　1•1

Nom _____　　　Date _____

Lis l'histoire mathématique. Fais un dessin mathématique et résous.

Glenn a 9 stylos. Cinq sont noirs. Les autres sont bleus. Combien de stylos sont bleus ?

_____ stylos sont bleus.

_____ - _____ = _____　　　　　_____ + _____ = _____

Leçon 32 : Résoudre les histoires mathématiques de mise ensemble et de décomposition avec un nombre à ajouter inconnu.

Lis

Neuf enfants jouent dehors. Un enfant est sur les balançoires et les autres jouent au tag. Combien d'enfants jouent au tag ?

Écris une liaison numérique et une phrase numérique. Fais un dessin mathématique pour montrer comment tu le sais.

Dessine

Écris

Il y a ▢ enfants qui jouent au tag.

Nom _____ Date _____

Barre, si nécessaire, pour soustraire.

1. ●●●●● ○

    6 − 1 = ___

2.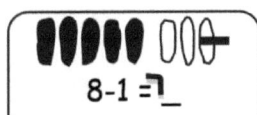

    6 − 0 = ___

Si tu le souhaites, fais un dessin en 5 groupes pour chaque problème comme ceux ci-dessus. Montre la soustraction.

3.

   7 − 1 = ____

4.

   7 − 0 = ____

5.

   10 − 1 = ____

6.

   10 − 0 = ____

7.

   8 − 1 = ____

8.

   8 − 0 = ____

9.

   9 − 1 = ____

10.

    9 − 0 = ____

Leçon 33 : Modéliser 0 de moins et 1 de moins en images et sous forme de phrases numériques de soustraction.

Barre, si nécessaire, pour soustraire.

11.

6 – 1 = ____

12.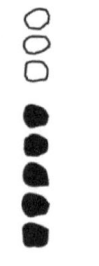

8 – 1 = ____

13.

9 – 0 = ____

Soustrais.

14. 7 – 1 = ____   15. 8 – 0 = ____   16. 9 – 1 = ____

17. Écris le chiffre qui manque. Visualise tes groupes de 5 pour t'aider.

a. 6 – 0 = ____   b. 6 – 1 = ____

c. 7 – ____ = 7   d. 7 – 1 = ____

e. 8 – 0 = ____   f. 8 – ____ = 7

g. 9 – ____ = 9   h. 9 – 1 = ____

i. 10 – ____ = 10   j. 10 – ____ = 9

Nom _____   Date _____

Complète les phrases numériques. Si tu le veux, utilise des dessins avec des groupes de 5 pour montrer la soustraction.

1.

9 − 1 = ___

2.

8 = ___ − 0

3.

8 = ___ − 1

4.

10 = 10 − ___

Lis

Quatre-vingt-trois perles se déversent sur le sol. Un élève ramasse 1 perle. Combien de perles sont encore sur le sol ?

Écris une liaison numérique, une phrase numérique et une déclaration pour partager ta solution.

Extension : Si un deuxième enfant ramasse 10 perles de plus, combien de perles resteront-elles sur le sol ? Utilise des liaisons numériques pour montrer comment tu sais.

UNE HISTOIRE D'UNITÉS

Leçon 34 Problème d'application 1•1

Dessine

Écris

---

228 | Leçon 34 : | Modéliser $n - n$ et $n - (n - 1)$ sous forme d'images et de phrases de soustraction.

EUREKA MATH

Nom _____   Date _____

Barre pour soustraire.

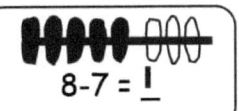

1. ●●●●● ◯   2. ●●●●● ◯

   6 − 6 = ___   6 − 5 = ___

Soustrais. Fais un dessin mathématique, comme ceux ci-dessus, pour chacun.

3.   4.

   7 − 7 = ___   7 − 6 = ___

5.   6.

   10 − 10 = ___   10 − 9 = ___

7.   8.

   8 − 8 = ___   8 − 7 = ___

9.   10.

   9 − 9 = ___   9 − 8 = ___

Barre, si nécessaire, pour soustraire.

11.

12.

13.

6 − 6 = ____   8 − 8 = ____   9 − 8 = ____

Soustrais. Fais un dessin mathématique, comme ceux ci-dessus, pour chacun.

14.   15.   16.

7 − 7 = ____   8 − 7 = ____   9 − 9 = ____

17. Écris le chiffre qui manque. Visualise tes groupes de 5 pour t'aider.

   a. 6 − 6 = ____   b. 6 − 5 = ____

   c. 7 − ____ = 0   d. 7 − 6 = ____

   e. 8 − 8 = ____   f. 8 − ____ = 1

   g. 9 − ____ = 0   h. 9 − 8 = ____

   i. 10 − ____ = 10   j. 10 − ____ = 1

Nom _____ Date _____

Fais des dessins en groupe de 5 pour montrer la soustraction.

1.

9 - ____ = 1

2.

0 = 10 - ____

3.

1 = ____ - 7

4.

0 = ____ - 9

Lis

L'enseignant a renversé 18 perles sur le sol aujourd'hui. Un élève a ramassé 17 des perles. Combien de perles sont encore sur le sol ?

Écris une liaison numérique, une phrase numérique et une déclaration pour partager ta solution.

Extension : Si les 17 perles avaient été ramassées par deux élèves, combien de perles chaque élève aurait-il pu ramasser ? Fais une liaison numérique pour montrer ta solution.

Dessine

Écris

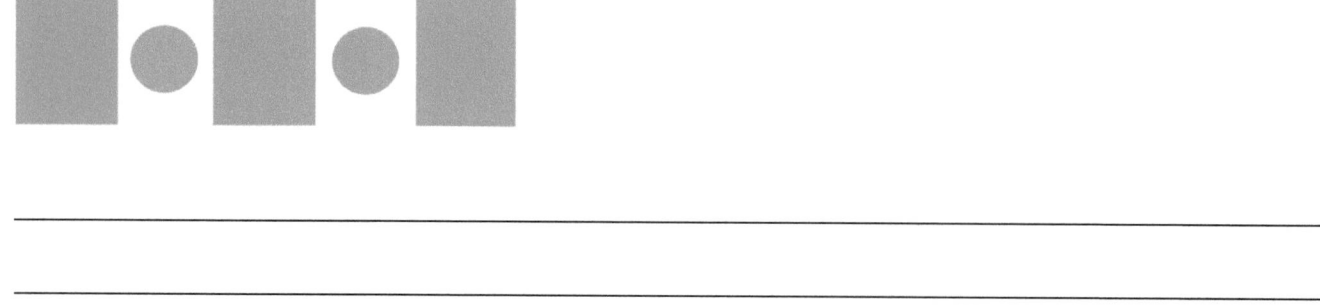

_____

_____

_____

Leçon 35 : Relier les faits de soustraction impliquant cinq et doubles aux décompositions correspondantes.

UNE HISTOIRE D'UNITÉS — Leçon 35 Série de problèmes 1•1

Nom _____ Date _____

Résous les ensembles de phrases numériques. Recherche des groupes faciles à barrer.

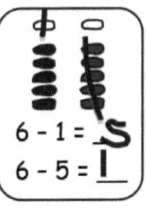

1.

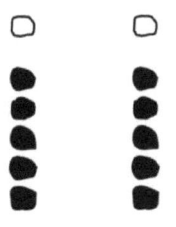

$6 - 5 = \_\_$

$6 - 1 = \_\_$

2.

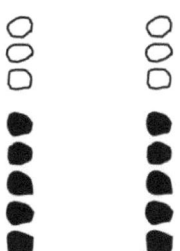

$8 - 3 = \_\_$

$8 - 5 = \_\_$

3.

$9 - 4 = \_\_$

$9 - 5 = \_\_$

Soustrais. Fais un dessin mathématique pour chaque problème comme ceux ci-dessus. Écris une liaison numérique.

4.

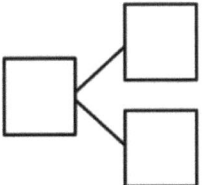

$7 - 5 = \_\_$

$7 - 2 = \_\_$

5.

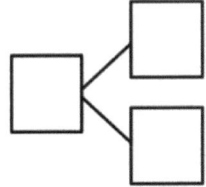

$10 - 5 = \_\_$

Leçon 35 : Relier les faits de soustraction impliquant cinq et doubles aux décompositions correspondantes.

6. Résous. Visualise tes groupes de 5 pour t'aider.

   a. 7 − 5 = ___   b. 7 − ___ = 5   c. 8 − 3 = ___

   d. 9 − ___ = 4   e. 9 − ___ = 5   f. 8 − ___ = 3

Remplis la liaison numérique et la phrase numérique pour chaque problème.

7. 4 − 2 = ___ 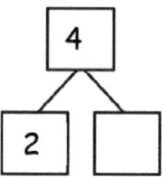   8. 6 − 3 = ___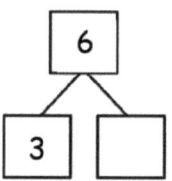

9. 10 − 5 = ___ 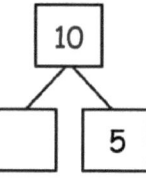   10. 8 − 4 = ___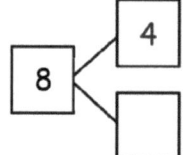

11. 8 − 4 = ___ 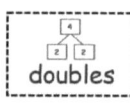   12. 6 − 3 = ___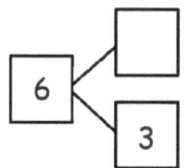

13. Complète les phrases numériques ci-dessous. Encercle la stratégie qui peut t'aider.

   a. 7 − 5 = ___   [5 groupes] [doubles]
   b. 7 − 2 = ___   [5 groupes] [doubles]
   c. 8 − 4 = ___   [5 groupes] [doubles]
   d. 8 − 3 = ___   [5 groupes] [doubles]
   e. 8 − 5 = ___   [5 groupes] [doubles]
   f. 10 − 5 = ___   [5 groupes] [doubles]

Nom _____ Date _____

Résous les phrases numériques. Fais une liaison numérique.

Dessine une image ou écris une déclaration sur la stratégie qui t'a aidée.

Les doubles m'ont aidé à résoudre le problème !
6 - 3 = 3

1. ___ - 5 = 5   2. 8 - ___ = 4   3. 9 - ___ = 4

Lis

Il y a 10 perles sur le sol. Il y a le même nombre de perles rouges que de perles blanches. Un élève ramasse les perles blanches. Combien de perles sont encore sur le sol ?

Écris une liaison numérique, une phrase numérique et une déclaration pour partager ta solution. Fais un dessin mathématique pour montrer comment tu connais.

Dessine

Écris

_____

_____

_____

Nom _____ Date _____

Résous les ensembles. Barre les groupes de 5.
Utilise la première phrase numérique pour t'aider à résoudre la suivante.

1. 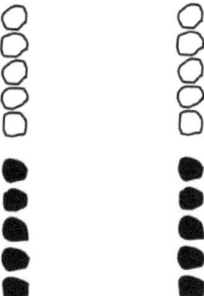   2. 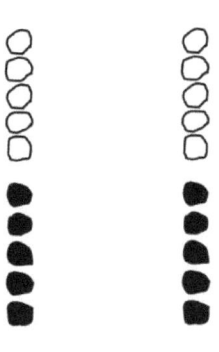   3.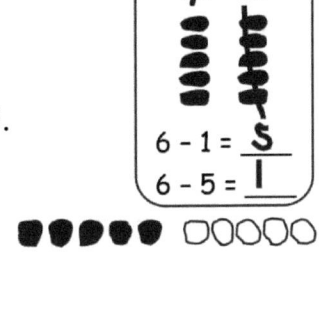

   10 − 9 = ___   10 − 6 = ___   10 − 3 = ___

   10 − 1 = ___   10 − 4 = ___   10 − 7 = ___

Fais un dessin mathématique et résous-le.

4.   5.   6.

   10 − 4 = ___   10 − 5 = ___   10 − 8 = ___

   10 − 6 = ___   10 − 2 = ___

UNE HISTOIRE D'UNITÉS Leçon 36 Série de problèmes 1•1

Soustrais. Écris ensuite la phrase de soustraction associée.
Fais un dessin mathématique si nécessaire et complète une liaison numérique pour chacun.

7.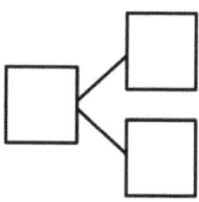

10 − 8 = ___

_____

8.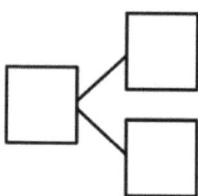

10 − 9 = ___

_____

9.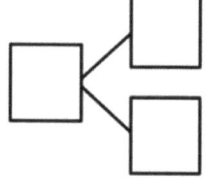

10 − 3 = ___

_____

10.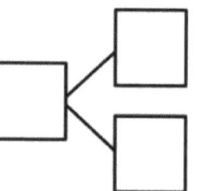

10 − 6 = ___

_____

11. Écris les chiffres qui manquent. Écris les 2 phrases de soustraction correspondantes.

a. 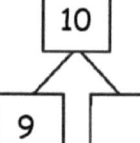 _____

_____

b. 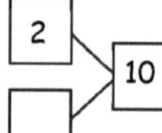 _____

_____

c. 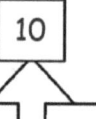 _____

_____

d.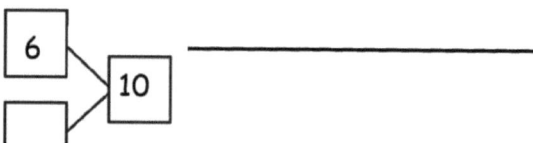

_____

e. 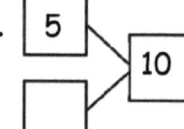 _____

_____

UNE HISTOIRE D'UNITÉS — Leçon 36 Ticket de sortie 1•1

Nom _____   Date _____

Écris les chiffres qui manquent. Dessine une image mathématique si nécessaire. Écris les 2 phrases de soustraction correspondantes.

1. [10] → [7] [ ]

2. [10] → [2] [ ]

3. [10] → [4] [ ]

_____   _____   _____

_____   _____   _____

Leçon 36 : Relier la soustraction de 10 aux décompositions correspondantes.

243

UNE HISTOIRE D'UNITÉS   Leçon 37 Problème d'application   1•1

Lis

Il y a 10 perles sur le sol. Un élève a ramassé quelques perles mais en a laissé sur le sol. Écris une liaison numérique et une phrase numérique qui correspondraient à cette histoire.

Extension : Quelles autres liaisons numériques et phrases numériques pourraient correspondre à cette histoire ? Essaye d'énumérer toutes les possibilités.

Dessine

Leçon 37 :   Relier la soustraction de 10 aux décompositions correspondantes.

Écris

Nom _____ Date _____

Résous les ensembles. Barre les groupes de 5. Écris la phrase de soustraction connexe qui aurait la même liaison numérique.

1.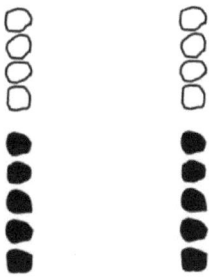

9 − 8 = ___

9 − 1 = ___

2.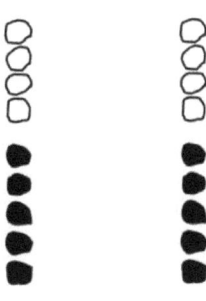

9 − 7 = ___

_____

3.

9 − 9 = ___

_____

Fais un dessin en groupe de 5. Résous et écris une phrase de soustraction connexe qui aurait la même liaison numérique. Barre pour montrer.

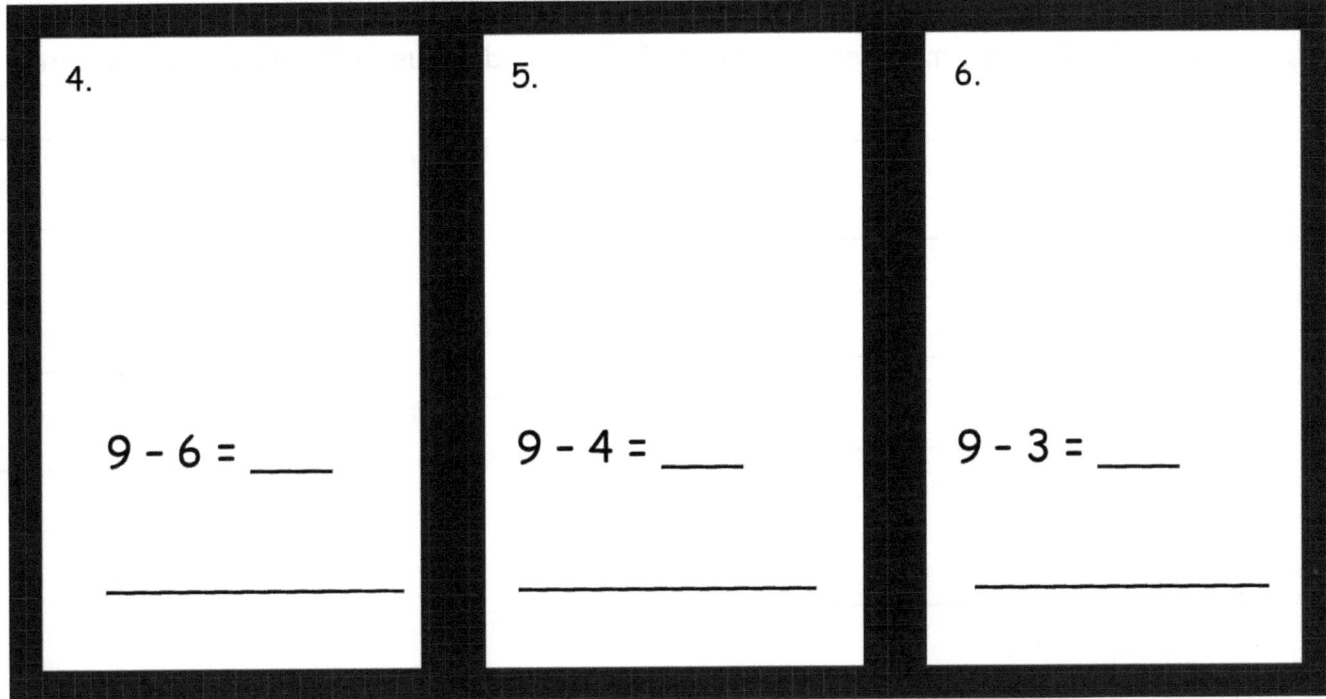

UNE HISTOIRE D'UNITÉS   Leçon 37 Série de problèmes   1•1

Soustrais. Écris ensuite la phrase de soustraction associée.

Fais un dessin mathématique si nécessaire et complète une liaison numérique.

7. 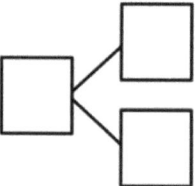   8.

9 – 5 = ___   9 – 8 = ___

_____   _____

9.   10.

9 – 7 = ___   9 – 3 = ___

_____   _____

11. Écris les chiffres qui manquent. Écris les 2 phrases de soustraction correspondantes.

a.    b.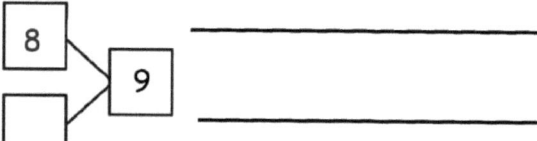

c.    d.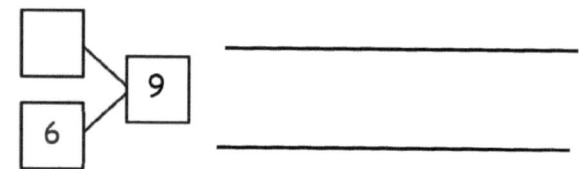

e.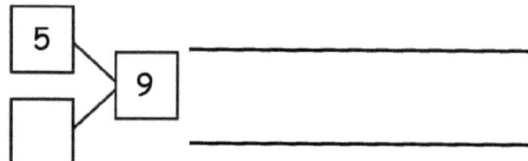

Nom _____ Date _____

Écris les chiffres qui manquent. Dessine une image mathématique si nécessaire. Écris les 2 phrases de soustraction correspondantes.

1. 9 / 7, ☐

_____

_____

2. 9 / ☐, 3

_____

_____

3. 9 / 4, ☐

_____

_____

Leçon 37 : Relier la soustraction de 10 aux décompositions correspondantes.

Lis

Jessie et Carl comparaient les perles qu'ils avaient ramassées. Jessie a ramassé 9 perles. 5 d'entre elles étaient rouges et les autres étaient blanches. Carl a ramassé 5 perles rouges et 4 perles blanches. Carl a dit qu'ils avaient le même nombre de perles blanches. Carl a-t-il raison ? Dessine et étiquette ton travail pour montrer ton raisonnement.

Dessine

Écris

_____

_____

_____

Nom _____ Date _____

1+9									
1+8	2+8								
1+7	2+7	3+7							
1+6	2+6	3+6	4+6						
1+5	2+5	3+5	4+5	5+5					
1+4	2+4	3+4	4+4	5+4	6+4				
1+3	2+3	3+3	4+3	5+3	6+3	7+3			
1+2	2+2	3+2	4+2	5+2	6+2	7+2	8+2		
1+1	2+1	3+1	4+1	5+1	6+1	7+1	8+1	9+1	
1+0	2+0	3+0	4+0	5+0	6+0	7+0	8+0	9+0	10+0

Choisis une carte de soustraction.

Trouve le fait d'addition connexe dans le tableau et colorie-le.

Écris la phrase de soustraction et un chemin numérique pour correspondre.

Continue pendant au moins 6 tours.

Leçon 38 : Rechercher et utiliser le raisonnement répété et la structure en utilisant le tableau d'addition pour résoudre les problèmes de soustraction.

UNE HISTOIRE D'UNITÉS   Leçon 38 Série de problèmes 1•1

Sur ton tableau d'addition, colore un carré en orange. Écris le fait de soustraction connexe dans un espace sous sa liaison numérique. Colore tous les totaux en orange.

1. _____ - _____ = _____

2. _____ - _____ = _____

3. _____ - _____ = _____

4. _____ = _____ - _____

5. _____ = _____ - _____

Leçon 38 : Rechercher et utiliser le raisonnement répété et la structure en utilisant le tableau d'addition pour résoudre les problèmes de soustraction.

Nom _____ Date _____

Écris les phrases numériques associées pour les liaisons numériques.

1.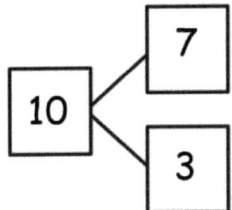

2.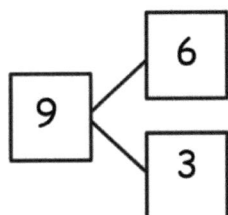

___ - ___ = ___   ___ - ___ = ___

___ + ___ = ___   ___ + ___ = ___

___ O ___ = ___   ___ O ___ = ___

___ O ___ = ___   ___ O ___ = ___

									1+9
								1+8	2+8
							1+7	2+7	3+7
						1+6	2+6	3+6	4+6
					1+5	2+5	3+5	4+5	5+5
				1+4	2+4	3+4	4+4	5+4	6+4
			1+3	2+3	3+3	4+3	5+3	6+3	7+3
		1+2	2+2	3+2	4+2	5+2	6+2	7+2	8+2
	1+1	2+1	3+1	4+1	5+1	6+1	7+1	8+1	9+1
1+0	2+0	3+0	4+0	5+0	6+0	7+0	8+0	9+0	10+0

tableau d'addition ; de la Leçon 21

Leçon 38 : Rechercher et utiliser le raisonnement répété et la structure en utilisant le tableau d'addition pour résoudre les problèmes de soustraction.

Lis

John a 10 crayons. Mark a 9 crayons. Anna a 8 crayons. Ils ont chacun perdu deux de leurs crayons. Combien en ont-ils maintenant chacun ? Écris une liaison numérique et une phrase numérique pour chaque élève.

Dessine

Écris

UNE HISTOIRE D'UNITÉS   Leçon 39 Série de problèmes 1•1

Nom _____   Date _____

Étudie le tableau d'addition pour résoudre et écrire des problèmes connexes.

1+9									
1+8	2+8								
1+7	2+7	3+7							
1+6	2+6	3+6	4+6						
1+5	2+5	3+5	4+5	5+5					
1+4	2+4	3+4	4+4	5+4	6+4				
1+3	2+3	3+3	4+3	5+3	6+3	7+3			
1+2	2+2	3+2	4+2	5+2	6+2	7+2	8+2		
1+1	2+1	3+1	4+1	5+1	6+1	7+1	8+1	9+1	
1+0	2+0	3+0	4+0	5+0	6+0	7+0	8+0	9+0	10+0

Choisis une carte de soustraction.

Trouve le fait d'addition connexe dans le tableau et colorie-le.

Écris la phrase de soustraction et la phrase d'addition colorée.

Écris les deux autres faits liés.

Continue pendant au moins 6 tours.

Leçon 39 : Analyser le tableau d'addition pour créer des ensembles de faits d'addition et de soustraction associés.

263

Choisis une carte d'expression et écris 4 problèmes qui utilisent les mêmes parties et totaux. Colore les totaux en orange.

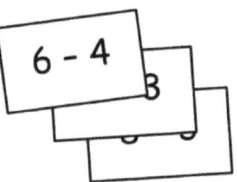

6 - 4

$6 - 4 = 2$
$4 + 2 = 6$
$2 + 4 = 6$
$6 - 2 = 4$

1. ___ - ___ = ___

   ___ + ___ = ___

   ___ O ___ = ___

   ___ O ___ = ___

2. ___ - ___ = ___

   ___ + ___ = ___

   ___ O ___ = ___

   ___ O ___ = ___

3. ___ - ___ = ___

   ___ + ___ = ___

   ___ O ___ = ___

   ___ O ___ = ___

4. ___ - ___ = ___

   ___ + ___ = ___

   ___ O ___ = ___

   ___ O ___ = ___

Nom _____ Date _____

Écris les phrases numériques associées pour les liaisons numériques.

1.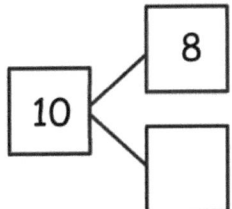

2.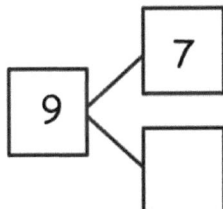

___ - ___ = ___   ___ - ___ = ___

___ + ___ = ___   ___ + ___ = ___

___ ○ ___ = ___   ___ ○ ___ = ___

___ ○ ___ = ___   ___ ○ ___ = ___

1+9									
1+8	2+8								
1+7	2+7	3+7							
1+6	2+6	3+6	4+6						
1+5	2+5	3+5	4+5	5+5					
1+4	2+4	3+4	4+4	5+4	6+4				
1+3	2+3	3+3	4+3	5+3	6+3	7+3			
1+2	2+2	3+2	4+2	5+2	6+2	7+2	8+2		
1+1	2+1	3+1	4+1	5+1	6+1	7+1	8+1	9+1	
1+0	2+0	3+0	4+0	5+0	6+0	7+0	8+0	9+0	10+0

tableau d'addition ; de la Leçon 21

Leçon 39 : Analyser le tableau d'addition pour créer des ensembles de faits d'addition et de soustraction associés.

Crédits

Great Minds® a fait tout son possible pour obtenir l'autorisation de réimprimer tout le matériel protégé par des droits d'auteur. Si un propriétaire de matériel protégé par des droits d'auteur n'est pas mentionné dans le présent document, veuillez contacter Great Minds pour qu'il soit dûment mentionné dans toutes les éditions et réimpressions futures de ce module.

Printed by Libri Plureos GmbH in Hamburg, Germany